历元 J2000.0

彩色全天星图

齐锐　曹军　万昊宜　编绘

科学普及出版社
·北　京·

图书在版编目(CIP)数据

彩色全天星图/齐锐,曹军,万昊宜编绘. — 北京:科学普及出版社,2012.12(2023.12 重印)
ISBN 978-7-110-07925-6

Ⅰ.①彩… Ⅱ.①齐… ②曹… ③万… Ⅲ.①星图 Ⅳ.①P114.4

中国版本图书馆 CIP 数据核字(2012)第 273084 号

责任编辑：赵　晖　夏凤金
责任校对：刘洪岩
责任印制：李晓霖

本书星表数据提供：中国天文数据中心天文科学数据共享平台

科学普及出版社出版
北京市海淀区中关村南大街 16 号 邮政编码 100081
电话： 010-63582180
http://www.cspbooks.com.cn
中国科学技术出版社有限公司发行部发行
北京盛通印刷股份有限公司印刷
*
开本：889 毫米×1194 毫米　1/16　印张：2.5　字数：200 千字
2012 年 12 月第 1 版　2023 年 12 月第 6 次印刷
ISBN 978-7-110-07925-6/P・111
定价：28.00 元

彩色全天星图使用说明

《彩色全天星图》包括 16 幅分区星图、4 幅银河星图和相应的星表。星图及星表历元为 J2000.0。

全天分区星图

由 16 幅星图组成（图 1 至图 16），覆盖全天。其中，南、北天极区各 2 幅，赤道以北和赤道以南天区各 6 幅。相邻星图之间在赤纬方向有 20°的重叠，在赤经方向有 2 小时的重叠。在星图四周标有相邻星图的图号。天极区星图采用等距方位投影，赤道带星图采用 Aitoff 投影。分区星图每 2 幅为一组，附带一个深空天体表和一个变星表。

星座

星座界线以虚线绘制，各星座标注中文名称和英文简号。

封二为星座表，按照简号的英文顺序排列，含有各星座所在星图的图号；封三为星图索引，其中的星座列表按照中文顺序排列，索引图绘制出各分区图中央部分所占范围。

银河

图中以浅色条带反映银河走向及亮度变化。银道以虚线绘制。

黄道

黄道以虚线绘制。沿黄道每 15°黄经绘短线标记。

恒星

全天星图的极限星等为 6.5 等，所绘恒星的星点直径与其视星等成线性关系。

恒星名称主要按照拜耳星名、弗拉姆斯蒂德星号和变星星名的优先次序进行标注。即：有拜耳星名的直接标注名称（希腊字母、小写拉丁字母 a-z、大写拉丁字母 A-Q），无拜耳星名、有弗拉姆斯蒂德星号的直接标注星号（阿拉伯数字），无上述两种名称的变星则标注变星星名（拉丁字母、字母 V 加阿拉伯数字）。

亮于 4.0 等的恒星按照其光谱型以不同颜色绘制。

双星和聚星

合并星等亮于 6.0 等且子星亮于 10.0 等、间距大于 1 角秒的双星和聚星在图中以星点加横线的特定符号表示。星点大小按照合并亮度绘制。某些双星或者聚星的间距较大，其亮于 6.5 等的子星单独绘制。

变星

极大时亮于 6.0 等且光变幅大于 0.1 等的变星在图中以星点加内圈的特定符号表示。星点大小按照极大亮度绘制。

变星数据载于所附变星星表中。

深空天体

全天星图内所绘深空天体以 NGC/IC 天体和 Sh2 及 RCW 星表中较明亮的星云为主。其中星系和星团的极限星等为 9.5 等，行星状星云的极限星等为 11.0 等。视直径大于 30 角分的星系和星团按照实际大小绘制，小于 30 角分则按照固定符号绘制。

深空天体中的梅西耶天体以前缀 M 加编号数字进行标注，非梅西耶天体的 NGC 天体直接标注 NGC 编号数字，IC 天体以前缀 IC 加编号数字进行标注。

深空天体数据载于所附深空天体表中。

银河星图

由 4 幅星图组成（图 17 至图 20），采用银道坐标系，等距圆柱投影，覆盖银纬-40°至+40°之间的天区。相邻星图之间在银经方向有 10° 重叠。在星图内部绘有赤道坐标网格及刻度。

银河星图绘有银河和较亮的 HⅡ发射区域的轮廓。所绘恒星的极限星等为 5.0 等。银河星图附带一个 HⅡ星表。

HⅡ发射区

HⅡ发射区主要选自 Sh2 及 RCW 星表中较明亮的星云。Sh2 星表中的天体以 S 加编号数字进行标注；RCW 星表中的天体以 R 加编号数字进行标注。同时属于 2 个星表中的天体仅标注其 Sh2 编号。

参考文献

本书星图、星表所采用的数据来自：

恒星

The Bright Star Catalogue, 5th Revised Ed.(Hoffleit & Warren,1991)

SAO Star Catalog J2000 (SAO Staff,1966;USNO,ADC,1990)

HD-DM-GC-HR-HIP-Bayer-Flamsteed Cross Index (Kostjuk,2002)

变星

General Catalogue of Variable Stars (Samus,et al.2007-2010)

双星

The Washington Visual Double Star Catalog (Mason,et al.2001-2010)

深空天体

Revised New General Catalogue and Index Catalogue (Wolfgang Steinicke, 2009)

HⅡ区域

Catalogue of HⅡ Regions (Sharpless,1959)

H-α Emission Regions in Southern Milky Way (RCW catalog)(Rodgers,et al.1960)

御夫座
Aur
天猫座
Lyn
鹿豹座
Cam
小熊座
UMi
天龙座
Dra
武仙座
Her
天琴座
Lyr
仙王座
Cep
英仙座
Per
仙后座
Cas
天鹅座
Cyg
蝎虎座
Lac
仙女座
And
17时~07时
+40°~ +90°
1
恒星
星等
光谱型
0 O
1 B
2 A
3 F
4 G
5 K
6 M
双星
变星

深空天体
星系
疏散星团
球状星团
行星状星云
弥漫星云
超新星遗迹
05时~19时
+40°~ +90°
2
天龙座
Dra
小熊座
UMi
大熊座
UMa
猎犬座
CVn
牧夫座
Boo
武仙座
Her
天琴座
Lyr
仙王座
Cep
鹿豹座
Cam
御夫座
Aur
天猫座
Lyn

星图 1-2

深空天体表

赤经 0时 ~24时
赤纬 +50° ~+90°

星系

名称	星座	赤经	赤纬	类型	亮度	表面亮度	视大小
NGC2403	鹿豹座	$07^{h}36.8^{m}$	+65° 36'	SBc	8.2	14.2	23.4×11.8'
NGC2841	大熊座	$09^{h}22.0^{m}$	+50° 59'	Sb	9.3	12.8	8.1×3.5'
NGC3031(M81)	大熊座	$09^{h}55.5^{m}$	+69° 04'	Sb	7.0	13.0	24.9×11.5'
NGC3034(M82)	大熊座	$09^{h}55.9^{m}$	+69° 41'	Sd	8.6	12.7	11.2×4.3'
NGC3556(M108)	大熊座	$11^{h}11.5^{m}$	+55° 40'	Sc	9.9	13.0	8.6×2.4'
NGC3992(M109)	大熊座	$11^{h}57.6^{m}$	+53° 22'	SBbc	9.8	13.4	7.5×4.4'
NGC5457(M101)	大熊座	$14^{h}03.2^{m}$	+54° 21'	Sc	7.5	14.6	28.8×26.9'
NGC5866(M102)	天龙座	$15^{h}06.5^{m}$	+55° 46'	S0-a	9.9	13.0	6.5×3.1'
NGC6946	天鹅座	$20^{h}34.9^{m}$	+60° 09'	SBc	9.0	14.0	11.5×9.8'
IC342	鹿豹座	$03^{h}46.8^{m}$	+68° 06'	SBc	8.4	14.9	21.4×20.9'

注:表面亮度单位为星等/平方角分

弥漫星云/超新星遗迹

名称	星座	赤经	赤纬	类型	亮度	视大小
NGC281	仙后座	$00^{h}52.9^{m}$	+56° 38'	EN	-	35×30'
NGC1491	英仙座	$04^{h}03.2^{m}$	+51° 19'	EN	-	25×25'
NGC7635	仙后座	$23^{h}20.8^{m}$	+61° 13'	EN	11.0	15×8'
NGC7822	仙王座	$00^{h}03.6^{m}$	+67° 09'	EN	-	100'
IC1396	仙王座	$21^{h}38.9^{m}$	+57° 29'	EN	-	170×140'

行星状星云

名称	星座	赤经	赤纬	亮度	视大小
NGC650(M76)	英仙座	$01^{h}42.3^{m}$	+51° 34'	10.1	3.12'
NGC1501	鹿豹座	$04^{h}07.0^{m}$	+60° 55'	11.5	0.87'
NGC3587(M97)	大熊座	$11^{h}14.8^{m}$	+55° 01'	9.9	2.83'
NGC6543	天龙座	$17^{h}58.5^{m}$	+66° 38'	8.1	0.33'
NGC6826	天鹅座	$19^{h}44.8^{m}$	+50° 32'	8.8	0.60'
NGC7008	天鹅座	$21^{h}00.5^{m}$	+54° 33'	10.7	1.43'
IC3568	鹿豹座	$12^{h}33.1^{m}$	+82° 34'	10.6	0.17'
IC5217	蝎虎座	$22^{h}23.9^{m}$	+50° 58'	11.3	0.25'

疏散星团

名称	星座	赤经	赤纬	类型	亮度	视大小
NGC129	仙后座	$00^{h}30.0^{m}$	+60° 13'	Ⅳ2p	6.5	12'
NGC133	仙后座	$00^{h}31.3^{m}$	+63° 21'	Ⅳ1p	9.4	3'
NGC146	仙后座	$00^{h}33.0^{m}$	+63° 18'	Ⅳ3p	9.1	5'
NGC188	仙王座	$00^{h}47.5^{m}$	+85° 16'	Ⅱ2r	8.1	15'
NGC189	仙后座	$00^{h}39.6^{m}$	+61° 06'	Ⅲ2p	8.8	5'
NGC225	仙后座	$00^{h}43.6^{m}$	+61° 46'	Ⅲ1p	7.0	15'
NGC381	仙后座	$01^{h}08.3^{m}$	+61° 35'	Ⅲ2p	9.3	7'
NGC436	仙后座	$01^{h}16.0^{m}$	+58° 49'	Ⅰ3m	8.8	5'
NGC457	仙后座	$01^{h}19.5^{m}$	+58° 18'	Ⅰ3r	6.4	20'
NGC559	仙后座	$01^{h}29.5^{m}$	+63° 18'	Ⅱ2m	9.5	7'
NGC581(M103)	仙后座	$01^{h}33.4^{m}$	+60° 40'	Ⅲ2p	7.4	6'
NGC637	仙后座	$01^{h}43.0^{m}$	+64° 02'	Ⅰ3p	8.2	3'
NGC654	仙后座	$01^{h}44.0^{m}$	+61° 53'	Ⅱ3m	6.5	6'
NGC659	仙后座	$01^{h}44.4^{m}$	+60° 40'	Ⅲ1p	7.9	6'
NGC663	仙后座	$01^{h}46.3^{m}$	+61° 13'	Ⅲ2m	7.1	15'
NGC744	英仙座	$01^{h}58.5^{m}$	+55° 28'	Ⅳ2p	7.9	5'
NGC869	英仙座	$02^{h}19.1^{m}$	+57° 08'	Ⅰ3r	5.3	18'
NGC884	英仙座	$02^{h}22.1^{m}$	+57° 08'	Ⅰ3r	6.1	18'
NGC957	英仙座	$02^{h}33.3^{m}$	+57° 34'	Ⅲ2p	7.6	10'
NGC1027	仙后座	$02^{h}42.6^{m}$	+61° 36'	Ⅲ2p	6.7	15'
NGC1444	英仙座	$03^{h}49.4^{m}$	+52° 39'	Ⅳ1p	6.6	4'
NGC1502	鹿豹座	$04^{h}07.8^{m}$	+62° 20'	Ⅱ3p	6.9	20'
NGC1528	英仙座	$04^{h}15.3^{m}$	+51° 13'	Ⅱ2m	6.4	18'
NGC1545	英仙座	$04^{h}20.9^{m}$	+50° 15'	Ⅱ2p	6.2	12'
NGC6939	仙王座	$20^{h}31.5^{m}$	+60° 40'	Ⅰ1m	7.8	10'
NGC7031	天鹅座	$21^{h}06.9^{m}$	+50° 51'	Ⅳ1p	9.1	15'
NGC7086	天鹅座	$21^{h}30.5^{m}$	+51° 36'	Ⅱ2m	8.4	12'
NGC7142	仙王座	$21^{h}45.2^{m}$	+65° 46'	Ⅱ2r	9.3	12'
NGC7160	仙王座	$21^{h}53.7^{m}$	+62° 36'	Ⅱ3p	6.1	5'
NGC7235	仙王座	$22^{h}12.4^{m}$	+57° 16'	Ⅱ3m	7.7	6'
NGC7245	蝎虎座	$22^{h}15.2^{m}$	+54° 21'	Ⅱ1p	9.2	5'
NGC7261	仙王座	$22^{h}20.2^{m}$	+58° 07'	Ⅲ1p	8.4	6'
NGC7380	仙王座	$22^{h}47.3^{m}$	+58° 08'	Ⅲ3pn	7.2	20'
NGC7510	仙王座	$23^{h}11.1^{m}$	+60° 34'	Ⅱ2m	7.9	7'
NGC7654(M52)	仙后座	$23^{h}24.8^{m}$	+61° 36'	Ⅰ2r	6.9	16'
NGC7788	仙后座	$23^{h}56.8^{m}$	+61° 24'	Ⅰ2p	9.4	4'
NGC7789	仙后座	$23^{h}57.5^{m}$	+56° 43'	Ⅱ2r	6.7	25'
NGC7790	仙后座	$23^{h}58.4^{m}$	+61° 12'	Ⅲ2p	8.5	5'
IC1434	蝎虎座	$22^{h}10.5^{m}$	+52° 50'	Ⅱ1p	9.0	7'
IC1442	蝎虎座	$22^{h}16.1^{m}$	+53° 60'	Ⅱ2m	9.1	5'
IC1805	仙后座	$02^{h}32.8^{m}$	+61° 28'	Ⅲ3pn	6.5	20'
IC1848	仙后座	$02^{h}51.3^{m}$	+60° 24'	Ⅳ3pn	6.5	18'

◉ 变星

名称	变星类型	赤经	赤纬	光变范围	历元	周期（日）
大熊座 CG	LB	$09^h21^m43^s$	+56° 41′57″	5.47~5.95	–	–
大熊座 CS	LB	$09^h46^m31^s$	+57° 07′41″	6.78~6.94	–	–
大熊座 T	M	$12^h36^m23^s$	+59° 29′13″	6.60~13.50	2445623	256.6
大熊座 VY	LB	$10^h45^m04^s$	+67° 24′41″	5.87~7.00	–	–
大熊座 υ	DSCT	$09^h50^m59^s$	+59° 02′19″	3.68~3.86	2441353.54	0.1327
鹿豹座 BD	LB	$03^h42^m09^s$	+63° 13′00″	5.04~5.17	–	–
鹿豹座 BE	LC	$03^h49^m31^s$	+65° 31′34″	4.35~4.48	–	–
鹿豹座 BK	GCAS	$03^h19^m59^s$	+65° 39′08″	4.78~4.89	–	–
鹿豹座 TU(31)	EB/DM	$05^h54^m57^s$	+59° 53′18″	5.12~5.29	2438051.375	2.933241
鹿豹座 VZ	SR	$07^h31^m04^s$	+82° 24′41″	4.80~4.96	–	23.7
天鹅座 V1143	EA/DM	$19^h38^m41^s$	+54° 58′26″	5.85~6.37	2442212.765	7.6407613
天鹅座 V1762	RS	$19^h08^m25^s$	+52° 25′33″	5.81~6.03	–	–
天龙座 AC	LB	$20^h20^m06^s$	+68° 52′49″	7.14~7.39	–	–
天龙座 AT	LB	$16^h17^m15^s$	+59° 45′18″	6.80~7.50	–	–
天龙座 CU(10)	LB	$13^h51^m25^s$	+64° 43′24″	4.52~4.67	–	–
天龙座 CX	GCAS+ELL	$18^h46^m43^s$	+52° 59′17″	5.68~5.99	–	–
天龙座 DE(71)	EA/DM	$20^h19^m36^s$	+62° 15′27″	5.72~5.88	2442626.286	5.298036
天龙座 κ	GCAS	$12^h33^m28^s$	+69° 47′18″	3.82~4.01	–	–
天龙座 o	RS	$18^h51^m12^s$	+59° 23′18″	4.63~4.73	–	–
天猫座 RR	EA/DM	$06^h26^m25^s$	+56° 17′06″	5.52~6.03	2433153.862	9.945079
天猫座 UW(1)	LB	$06^h17^m54^s$	+61° 30′55″	4.95~5.06	–	–
天猫座 UZ(2)	E+DSCTC	$06^h19^m37^s$	+59° 00′39″	4.43~4.73	–	–
仙后座 AR	EA/DM	$23^h30^m01^s$	+58° 32′56″	4.82~4.96	2435792.895	6.0663309
仙后座 R	M	$23^h58^m24^s$	+51° 23′20″	4.70~13.50	2444463	430.46
仙后座 RU(32)	CST	$01^h11^m41^s$	+65° 01′08″	5.50~5.60	–	–
仙后座 SU	DCEPS	$02^h51^m58^s$	+68° 53′19″	5.70~6.18	2438000.598	1.949319
仙后座 V373	E/GS	$23^h55^m33^s$	+57° 24′44″	5.90~6.30	2436491.237	13.4192
仙后座 V509	SRD	$23^h00^m05^s$	+56° 56′43″	4.75~5.50	–	–
仙后座 V566(6)	ACYG	$23^h48^m50^s$	+62° 12′52″	5.34~5.45	–	–
仙后座 V567	ACV	$00^h05^m06^s$	+61° 18′50″	5.71~5.81	2440482.444	6.4322
仙后座 YZ(21)	EA/DM	$00^h45^m39^s$	+74° 59′17″	5.71~6.12	2428733.422	4.467224
仙后座 γ	GCAS	$00^h56^m42^s$	+60° 43′00″	1.60~3.00	–	–
仙后座 ρ	SRD	$23^h54^m23^s$	+57° 29′58″	4.10~6.20	–	320
仙王座 LZ(14)	ELL	$22^h02^m04^s$	+58° 00′01″	5.56~5.66	2441931.868	3.07051
仙王座 MO(18)	LB	$22^h03^m53^s$	+63° 07′12″	5.13~5.33	–	–
仙王座 VV	EA/GS+SRC	$21^h56^m39^s$	+63° 37′32″	4.80~5.36	2443360	7430
仙王座 β	BCEP	$21^h28^m39^s$	+70° 33′39″	3.16~3.27	2440444.625	0.1904881
仙王座 δ（造父一）	DCEP	$22^h29^m10^s$	+58° 24′55″	3.48~4.37	2436075.445	5.366341
仙王座 μ	SRC	$21^h43^m30^s$	+58° 46′48″	3.43~5.10	–	730
仙王座 ν	ACYG	$21^h45^m26^s$	+61° 07′15″	4.25~4.35	–	–
小熊座 RR	SRB	$14^h57^m35^s$	+65° 55′57″	4.53~4.73	–	43.3
小熊座 α	DCEPS	$02^h31^m49^s$	+89° 15′51″	1.86~2.13	2431495.813	3.9696
英仙座 b	ELL	$04^h18^m14^s$	+50° 17′44″	4.52~4.68	2443141.728	1.5273643
英仙座 V436(1)	EA/D	$01^h51^m59^s$	+55° 08′51″	5.49~5.85	2443562.853	25.9359
英仙座 V472	ACYG	$02^h08^m40^s$	+58° 25′25″	5.64~5.74	–	–
英仙座 V474(9)	ACYG	$02^h22^m21^s$	+55° 50′44″	5.15~5.25	–	–
英仙座 τ	EA/GS	$02^h54^m15^s$	+52° 45′45″	3.94~4.07	–	–
英仙座 φ	GCAS	$01^h43^m39^s$	+50° 41′19″	3.96~4.11	–	19.5

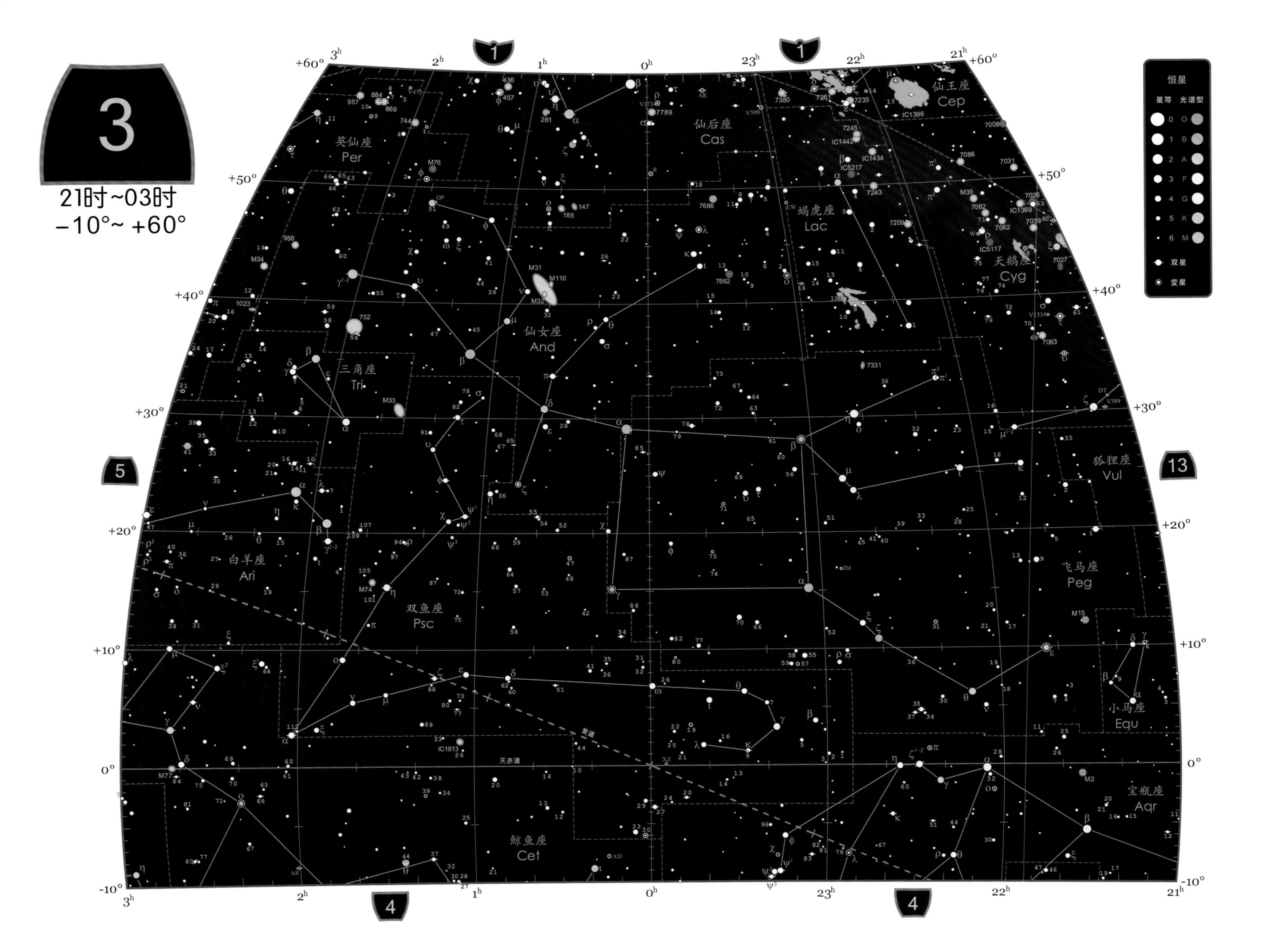
3
21时~03时
−10°~ +60°
英仙座
Per
仙后座
Cas
仙王座
Cep
蝎虎座
Lac
天鹅座
Cyg
仙女座
And
三角座
Tri
狐狸座
Vul
白羊座
Ari
双鱼座
Psc
飞马座
Peg
小马座
Equ
鲸鱼座
Cet
宝瓶座
Aqr
黄道
天赤道
恒星
星等
光谱型
0 O
1 B
2 A
3 F
4 G
5 K
6 M
双星
变星
M31
M110
M32
M33
M34
M76
M74
M77
M15
M2
M39

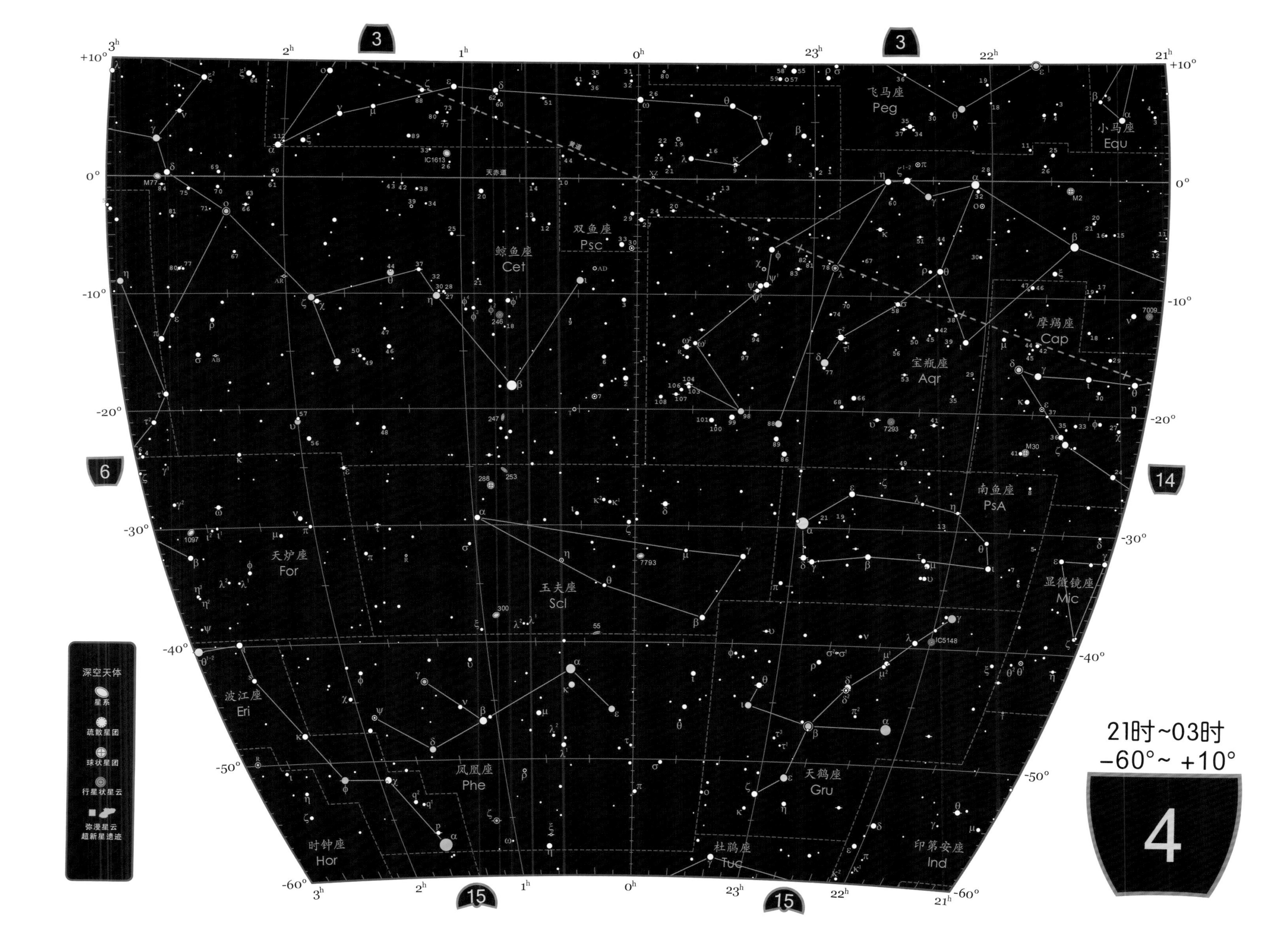

飞马座
Peg
小马座
Equ
双鱼座
Psc
鲸鱼座
Cet
宝瓶座
Aqr
摩羯座
Cap
南鱼座
PsA
显微镜座
Mic
天炉座
For
玉夫座
Scl
波江座
Eri
凤凰座
Phe
天鹤座
Gru
时钟座
Hor
杜鹃座
Tuc
印第安座
Ind
黄道
天赤道
深空天体
星系
疏散星团
球状星团
行星状星云
弥漫星云
超新星遗迹
21时~03时
-60°~ +10°
4

星图 3-4

深空天体表

赤经 22时 ～ 2时
赤纬 -50° ～ +50°

星系

名称	星座	赤经	赤纬	类型	亮度	表面亮度	视大小
NGC55	玉夫座	$00^h15.1^m$	−39° 13′	SBm	7.8	13.3	31.2×5.9′
NGC147	仙后座	$00^h33.2^m$	+48° 30′	E5/P	9.4	14.5	13.2×7.8′
NGC185	仙后座	$00^h39.0^m$	+48° 20′	E3	9.3	13.7	8×7′
NGC205(M110)	仙女座	$00^h40.4^m$	+41° 41′	E5	7.9	13.8	19.5×11.5′
NGC221(M32)	仙女座	$00^h42.7^m$	+40° 52′	E2	8.1	12.5	8.5×6.5′
NGC224(M31)	仙女座	$00^h42.7^m$	+41° 16′	Sb	3.5	13.5	189.1×
NGC247	鲸鱼座	$00^h47.1^m$	−20° 46′	SBcd	8.9	13.8	19.2×5.5′
NGC253	玉夫座	$00^h47.5^m$	−25° 17′	SBc	7.3	12.9	29×6.8′
NGC300	玉夫座	$00^h54.9^m$	−37° 41′	Scd	8.1	13.9	19×12.9′
NGC598(M33)	三角座	$01^h33.8^m$	+30° 39′	Sc	5.5	14.0	68.7×41.6′
NGC628(M74)	双鱼座	$01^h36.7^m$	+15° 47′	Sc	9.1	13.9	10.5×9.5′
NGC7331	飞马座	$22^h37.1^m$	+34° 25′	Sbc	9.5	13.4	10.2×4.2′
NGC7793	玉夫座	$23^h57.8^m$	−32° 36′	Scd	9.0	13.3	9.3×6.3′
IC1613	鲸鱼座	$01^h04.8^m$	+02° 07′	IBm	9.3	15.1	16.6×14.9′

注:表面亮度单位为星等/平方角分

行星状星云

名称	星座	赤经	赤纬	亮度	视大小
NGC246	鲸鱼座	$00^h47.0^m$	−11° 52′	10.9	4.08′
NGC7293	宝瓶座	$22^h29.6^m$	−20° 50′	7.3	17.57′
NGC7662	仙女座	$23^h25.9^m$	+42° 32′	8.3	0.62′

球状星团

名称	星座	赤经	赤纬	类型	亮度	视大小
NGC288	玉夫座	$00^h52.8^m$	−26° 36′	X	8.1	13′

疏散星团

名称	星座	赤经	赤纬	类型	亮度	视大小
NGC752	仙女座	$01^h57.6^m$	+37° 50′	Ⅲ1m	5.7	75′
NGC7209	蝎虎座	$22^h05.1^m$	+46° 29′	Ⅲ1p	7.7	15′
NGC7243	蝎虎座	$22^h15.1^m$	+49° 54′	Ⅳ2p	6.4	30′
NGC7686	仙女座	$23^h30.1^m$	+49° 08′	Ⅳ1p	5.6	15′

◉ 变星

名称	变星类型	赤经	赤纬	光变范围	历元	周期（日）
宝瓶座λ	LB	$22^h52^m36^s$	−07° 34'47"	3.57~3.80	–	–
宝瓶座o	GCAS	$22^h03^m18^s$	−02° 09'19"	4.68~4.89	–	–
宝瓶座π	GCAS	$22^h25^m16^s$	+01° 22'39"	4.42~4.87	–	–
宝瓶座χ	SRB	$23^h16^m50^s$	−07° 43'35"	4.75~5.10	–	35.25
飞马座 GZ(57)	SRA	$23^h09^m31^s$	+08° 40'38"	4.95~5.23	2443085.7	92.66
飞马座 HH(80)	LB	$23^h51^m21^s$	+09° 18'48"	5.74~5.90	–	–
飞马座 HW(71)	LB	$23^h33^m28^s$	+22° 29'56"	5.32~5.62	–	–
飞马座 IM	RS	$22^h53^m02^s$	+16° 50'28"	5.60~5.85	2443760.6	24.44
飞马座 IN(31)	GCAS	$22^h21^m31^s$	+12° 12'19"	4.85~5.05	–	–
飞马座 KS(75)	EB/KE	$23^h37^m56^s$	+18° 24'02"	5.37~5.49	–	–
飞马座β	LB	$23^h03^m46^s$	+28° 04'58"	2.31~2.74	–	–
飞马座γ	BCEP	$00^h13^m14^s$	+15° 11'01"	2.78~2.89	2441224.64	0.15175012
凤凰座γ	LB	$01^h28^m21^s$	−43° 19'06"	3.39~3.49	–	–
凤凰座ψ	SR	$01^h53^m38^s$	−46° 18'10"	4.30~4.50	–	30
鲸鱼座 AD	LB	$00^h14^m27^s$	−07° 46'50"	4.90~5.16	–	–
鲸鱼座 AE(7)	LB	$00^h14^m38^s$	−18° 55'58"	4.26~4.46	–	–
鲸鱼座 AY(39)	RS	$01^h16^m36^s$	−02° 30'01"	5.35~5.58	–	–
鲸鱼座 T	SRC	$00^h21^m46^s$	−20° 03'29"	5.00~6.90	2440562	158.9
双鱼座 AG(53)	BCEP	$00^h36^m47^s$	+15° 13'54"	5.81~5.94	–	0.08
双鱼座 TV(47)	SR	$00^h28^m02^s$	+17° 53'35"	4.65~5.42	2431387	49.1
双鱼座 TX(19)	LB	$23^h46^m23^s$	+03° 29'13"	4.79~5.20	–	–
双鱼座 XZ	LB	$23^h54^m46^s$	+00° 06'34"	5.61~5.97	–	–
双鱼座 YY(30)	LB	$00^h01^m57^s$	−06° 00'51"	4.31~4.41	–	–
天鹤座β	LC	$22^h42^m40^s$	−46° 53'04"	2.00~2.30	–	–
天鹤座δ^2	LB	$22^h29^m45^s$	−43° 44'57"	3.99~4.20	–	–
仙后座o	GCAS	$00^h44^m43^s$	+48° 17'04"	4.50~4.62	–	–
仙女座 OP	RS	$01^h36^m27^s$	+48° 43'22"	6.27~6.41	–	2.35954
仙女座ζ	ELL/RS	$00^h47^m20^s$	+24° 16'02"	3.92~4.14	2432761.016	17.769586
仙女座λ	RS	$23^h37^m33^s$	+46° 27'29"	3.65~4.05	2443832.8	53.95
仙女座o	GCAS	$23^h01^m55^s$	+42° 19'34"	3.55~3.78	–	–
蝎虎座 DD(12)	BCEP	$22^h41^m28^s$	+40° 13'32"	5.16~5.28	2443063.774	0.1930924
蝎虎座 EN(16)	BCEP+EA/D	$22^h56^m23^s$	+41° 36'14"	5.41~5.52	–	–
蝎虎座 EW	GCAS	$22^h57^m04^s$	+48° 41'03"	5.22~5.48	–	–
玉夫座 R	SRB	$01^h26^m58^s$	−32° 32'35"	9.10~12.90	–	370
玉夫座η	LB	$00^h27^m55^s$	−33° 00'26"	4.80~4.90	–	–

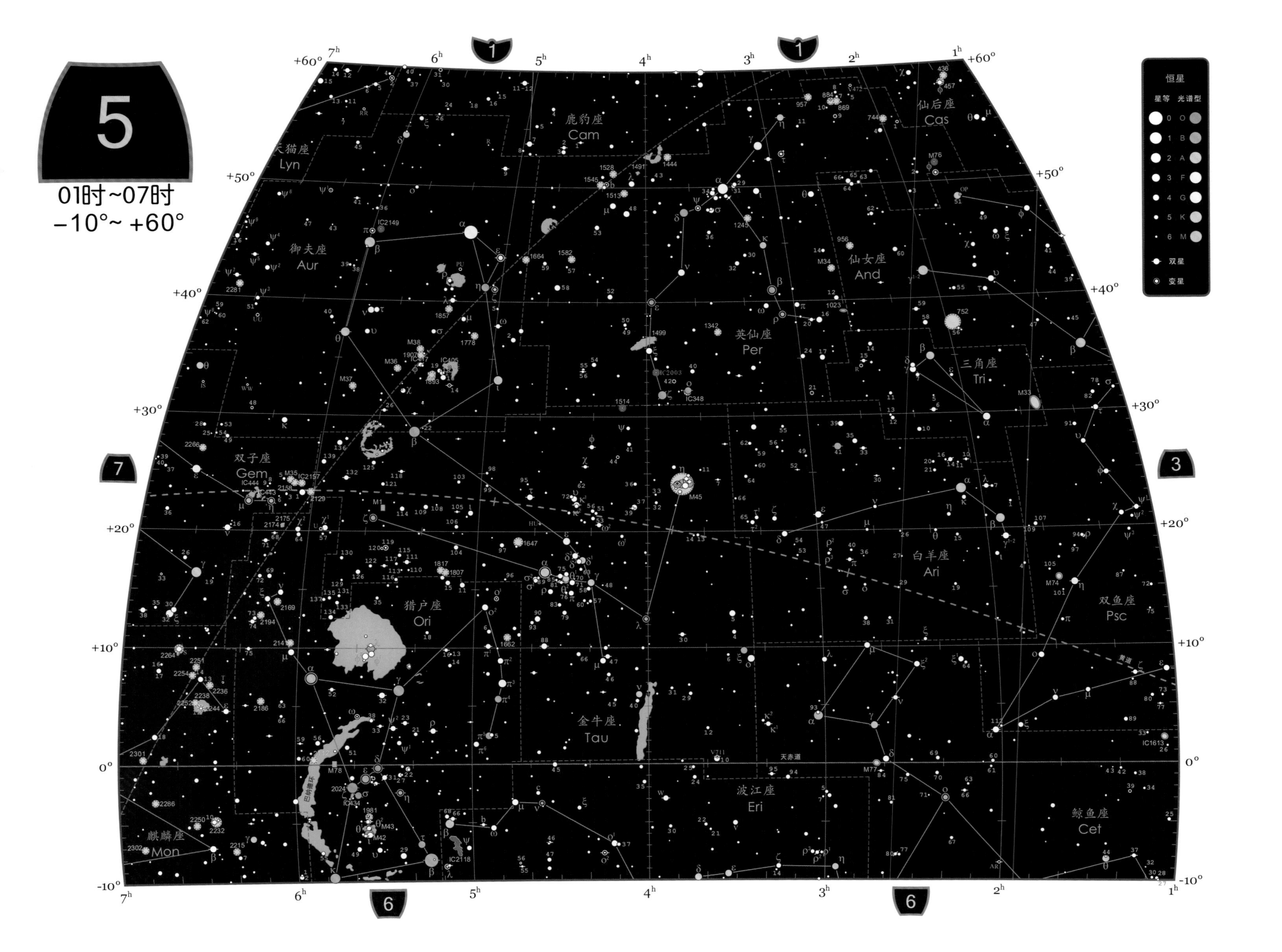

5
01时~07时
-10°~ +60°
恒星
星等
光谱型
双星
变星
天猫座
Lyn
鹿豹座
Cam
仙后座
Cas
御夫座
Aur
仙女座
And
英仙座
Per
三角座
Tri
双子座
Gem
白羊座
Ari
猎户座
Ori
双鱼座
Psc
金牛座
Tau
波江座
Eri
鲸鱼座
Cet
麒麟座
Mon
天赤道
黄道
巴纳德环
M45
M42
M43
M33
M1
M35
M36
M37
M38
M74
M77
M78
M76
M34

猎户座
Ori
金牛座
Tau
双鱼座
Psc
鲸鱼座
Cet
麒麟座
Mon
巴纳德环
天赤道
黄道
波江座
Eri
天兔座
Lep
大犬座
CMa
天鸽座
Col
雕具座
Cae
天炉座
For
玉夫座
Scl
船尾座
Pup
绘架座
Pic
船底座
Car
剑鱼座
Dor
网罟座
Ret
时钟座
Hor
凤凰座
Phe
深空天体
星系
疏散星团
球状星团
行星状星云
弥漫星云
超新星遗迹
01时~07时
-60°~ +10°
6

星图 5-6

深空天体表

赤经 2时 ~ 6时
赤纬 -50° ~ +50°

星系

名称	星座	赤经	赤纬	类型	亮度	表面亮度	视大小
NGC1023	英仙座	$02^h40.4^m$	+39° 04'	E/SB0	9.5	12.7	7.4×2.5'
NGC1068(M77)	鲸鱼座	$02^h42.7^m$	−00° 01'	Sb/P	8.9	12.8	7.1×6'
NGC1097	天炉座	$02^h46.3^m$	−30° 17'	SBb	9.5	13.8	9.4×6.6'
NGC1291	波江座	$03^h17.3^m$	−41° 06'	SB0−a	8.5	13.4	11×9.5'
NGC1316	天炉座	$03^h22.7^m$	−37° 12'	SB0	8.4	13.0	11×7.2'
NGC1365	天炉座	$03^h33.6^m$	−36° 08'	SBb	9.5	13.9	11×6.2'
NGC1399	天炉座	$03^h38.5^m$	−35° 27'	E1	9.4	13.6	6.9×6.5'

注:表面亮度单位为星等/平方角分

弥漫星云/超新星遗迹

名称	星座	赤经	赤纬	类型	亮度	视大小
NGC1499	英仙座	$04^h03.2^m$	+36° 22'	EN	5.0	160×40'
NGC1952(M1)	金牛座	$05^h34.5^m$	+22° 01'	SNR	8.4	6×4'
NGC1976(M42)	猎户座	$05^h35.3^m$	−05° 23'	EN+RN	3.7	65×60'
NGC1982(M43)	猎户座	$05^h35.5^m$	−05° 16'	EN	6.8	20×15'
NGC2024	猎户座	$05^h41.7^m$	−01° 51'	EN	–	30×30'
NGC2068(M78)	猎户座	$05^h46.8^m$	+00° 05'	RN	8.0	8×6'
IC405	御夫座	$05^h16.5^m$	+34° 21'	EN	10.0	30×20'
IC417	御夫座	$05^h28.1^m$	+34° 25'	EN+OCL	–	13×10'
IC434	猎户座	$05^h41.0^m$	−02° 27'	EN	11.0	60×10'
IC2118	波江座	$05^h04.9^m$	−07° 15'	RN	–	70×60'

行星状星云

名称	星座	赤经	赤纬	亮度	视大小
NGC1360	天炉座	$03^h33.2^m$	−25° 52'	9.4	6.42'
NGC1514	金牛座	$04^h09.3^m$	+30° 47'	10.9	2.20'
NGC1535	波江座	$04^h14.2^m$	−12° 44'	9.6	0.85'
IC418	天兔座	$05^h27.5^m$	−12° 42'	9.3	0.20'
IC2003	英仙座	$03^h56.4^m$	+33° 53'	11.4	0.33'
IC2149	御夫座	$05^h56.4^m$	+46° 06'	10.6	0.57'

球状星团

名称	星座	赤经	赤纬	类型	亮度	视大小
NGC1851	天鸽座	$05^h14.1^m$	−40° 03'	Ⅱ	7.1	12'
NGC1904(M79)	天兔座	$05^h24.2^m$	−24° 31'	Ⅴ	7.7	9.6'

疏散星团

名称	星座	赤经	赤纬	类型	亮度	视大小
M45	金牛座	$03^h47.5^m$	+24° 06'	OCL	1.2	110'
NGC956	仙女座	$02^h32.2^m$	+44° 39'	Ⅳ1p	8.9	9'
NGC1039(M34)	英仙座	$02^h42.1^m$	+42° 46'	Ⅱ3m	5.2	25'
NGC1245	英仙座	$03^h14.7^m$	+47° 14'	Ⅲ1r	8.4	10'
NGC1342	英仙座	$03^h31.6^m$	+37° 23'	Ⅲ3p	6.7	17'
NGC1513	英仙座	$04^h09.9^m$	+49° 31'	Ⅱ1m	8.4	12'
NGC1582	英仙座	$04^h31.6^m$	+43° 45'	Ⅳ2p	7.0	24'
NGC1647	金牛座	$04^h45.7^m$	+19° 07'	Ⅱ2m	6.4	40'
NGC1662	猎户座	$04^h48.5^m$	+10° 56'	Ⅰ2p	6.4	12'
NGC1664	御夫座	$04^h51.1^m$	+43° 41'	Ⅲ1p	7.6	18'
NGC1778	御夫座	$05^h08.1^m$	+37° 01'	Ⅲ2p	7.7	8'
NGC1807	金牛座	$05^h10.8^m$	+16° 31'	Ⅱ2p	7.0	12'
NGC1817	金牛座	$05^h12.4^m$	+16° 41'	Ⅲ1m	7.7	20'
NGC1857	御夫座	$05^h20.1^m$	+39° 21'	Ⅱ2m	7.0	10'
NGC1893	御夫座	$05^h22.7^m$	+33° 35'	OCL+EN	7.5	25'
NGC1907	御夫座	$05^h28.1^m$	+35° 20'	Ⅱ1m	8.2	5'
NGC1912(M38)	御夫座	$05^h28.7^m$	+35° 51'	Ⅱ2r	6.4	15'
NGC1960(M36)	御夫座	$05^h36.3^m$	+34° 08'	Ⅱ3m	6.0	10'
NGC1981	猎户座	$05^h35.2^m$	−04° 26'	Ⅲ2p	4.2	28'
NGC2099(M37)	御夫座	$05^h52.3^m$	+32° 33'	Ⅱ1r	5.6	15'
NGC2112	猎户座	$05^h53.8^m$	+00° 25'	Ⅱ3m	9.1	18'
IC348	英仙座	$03^h44.6^m$	+32° 10'	Ⅳ2pn	7.3	10'

◉ 变星

名称	变星类型	赤经	赤纬	光变范围	历元	周期（日）
白羊座 RZ	SRB	$02^h55^m48^s$	+18° 19'54"	5.45~6.01	–	56.5
波江座 DX(56)	GCAS	$04^h44^m05^s$	−08° 30'13"	5.76~5.98	–	–
波江座 DY	UV	$04^h15^m21^s$	−07° 39'13"	12.16~13.88	–	–
波江座 λ	BCEP	$05^h09^m08^s$	−08° 45'15"	4.22~4.34	–	0.701538
波江座 ν	BCEP	$04^h36^m19^s$	−03° 21'09"	3.92~4.06	2433629.277	0.17790414
波江座 τ^4	LB	$03^h19^m31^s$	−21° 45'28"	3.57~3.72	–	–
金牛座 BU(28)	GCAS	$03^h49^m11^s$	+24° 08'12"	4.77~5.50	–	–
金牛座 CE(119)	SRC	$05^h32^m12^s$	+18° 35'39"	4.23~4.54	–	165
金牛座 HU	EA/SD	$04^h38^m15^s$	+20° 41'05"	5.85~6.68	2441275.322	2.0562997
金牛座 IM(44)	DSCT	$04^h10^m49^s$	+26° 28'51"	5.37~5.58	2444250.349	0.145067
金牛座 V711	RS	$03^h36^m47^s$	+00° 35'16"	5.71~5.94	2440000.58	2.840612
金牛座 V960(120)	GCAS	$05^h33^m31^s$	+18° 32'25"	5.53~5.69	–	–
金牛座 α	LB	$04^h35^m55^s$	+16° 30'33"	0.75~0.95	–	–
金牛座 ζ	E/GS+GCAS	$05^h37^m38^s$	+21° 08'33"	2.88~3.17	2444936.781	132.9735
金牛座 λ	EA/DM	$04^h00^m40^s$	+12° 29'25"	3.37~3.91	2421506.851	3.9529478
鲸鱼座 AB	ACV	$02^h26^m00^s$	−15° 20'28"	5.71~5.88	2433226.69	2.997814
鲸鱼座 AR	SR	$02^h00^m26^s$	−08° 31'26"	5.40~5.61	–	–
鲸鱼座 o（蒭藁增二）	M	$02^h19^m20^s$	−02° 58'40"	2.00~10.10	2444839	331.96
猎户座 U	M	$05^h55^m49^s$	+20° 10'31"	4.80~13.00	2445254	368.3
猎户座 VV	EA/KE	$05^h33^m31^s$	−01° 09'22"	5.31~5.66	2440890.516	1.4853784
猎户座 α	SRC	$05^h55^m10^s$	+07° 24'25"	0.00~1.30	–	2335
猎户座 δ	EA/DM	$05^h32^m00^s$	−00° 17'57"	2.14~2.26	2443872.589	5.732476
猎户座 ε	ACYG	$05^h36^m12^s$	−01° 12'07"	1.64~1.74	–	–
猎户座 η	EA+BCEP	$05^h24^m28^s$	−02° 23'50"	3.31~3.60	2415761.826	7.989268
猎户座 o^1	SRB	$04^h52^m32^s$	+14° 15'02"	4.65~4.88	–	30
猎户座 ω	GCAS	$05^h39^m11^s$	+04° 07'17"	4.40~4.59	–	–
三角座 R	M	$02^h37^m02^s$	+34° 15'51"	5.40~12.60	2445215	266.9
时钟座 R	M	$02^h53^m52^s$	−49° 53'23"	4.70~14.30	2441494	407.6
时钟座 TU	ELL	$03^h30^m37^s$	−47° 22'30"	5.90~6.04	2443055.62	0.935971
天鸽座 SW	LB	$05^h23^m24^s$	−39° 40'42"	5.71~6.05	–	–
天兔座 RX	SRB	$05^h11^m22^s$	−11° 50'57"	5.00~7.40	–	60
天兔座 μ	ACV	$05^h12^m55^s$	−16° 12'20"	2.97~3.41	–	2
英仙座 LT(21)	ACV	$02^h57^m17^s$	+31° 56'03"	5.03~5.14	2439837.7	2.88422
英仙座 V467(42)	E/D	$03^h49^m32^s$	+33° 05'29"	5.05~5.18	2443101.24	22.58
英仙座β（大陵五）	EA/SD	$03^h08^m10^s$	+40° 57'20"	2.12~3.39	2445641.514	2.8673043
英仙座 ε	BCEP	$03^h57^m51^s$	+40° 00'37"	2.88~3.00	–	–
英仙座 ρ	SRB	$03^h05^m10^s$	+38° 50'25"	3.30~4.00	–	50
英仙座 ψ	GCAS	$03^h36^m29^s$	+48° 11'33"	4.17~4.28	–	–
御夫座 AE	INA	$05^h16^m18^s$	+34° 18'44"	5.78~6.08	–	–
御夫座 KW(14)	DSCTC+ELL	$05^h15^m24^s$	+32° 41'15"	4.95~5.08	–	0.088088
御夫座 PU	LB	$05^h18^m15^s$	+42° 47'32"	5.55~5.78	–	–
御夫座 ε（柱一）	EA	$05^h01^m58^s$	+43° 49'24"	2.92~3.88	2445513	9884
御夫座 ζ（柱二）	EA	$05^h02^m28^s$	+41° 04'33"	3.70~3.97	2452968.794	972.150912
御夫座 π	LC	$05^h59^m56^s$	+45° 56'12"	4.24~4.34	–	–

星图 5-6

变星表

赤经 2时 ~ 6时
赤纬 -50° ~ +50°

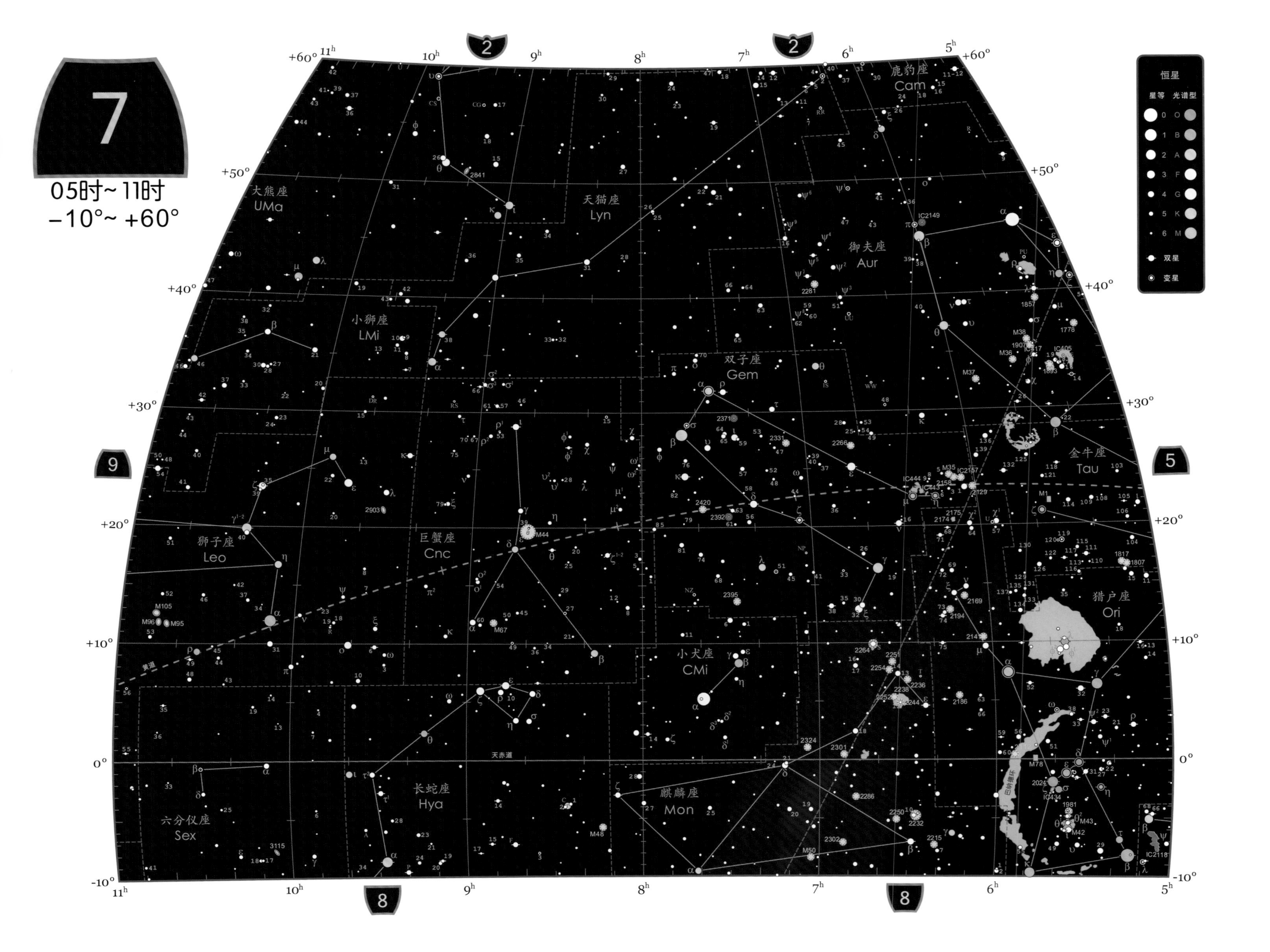
7
05时~11时
-10°~ +60°
恒星
星等 光谱型
双星
变星
鹿豹座
Cam
大熊座
UMa
天猫座
Lyn
御夫座
Aur
小狮座
LMi
双子座
Gem
金牛座
Tau
巨蟹座
Cnc
狮子座
Leo
猎户座
Ori
小犬座
CMi
长蛇座
Hya
麒麟座
Mon
六分仪座
Sex
天赤道
黄道
巴纳德环

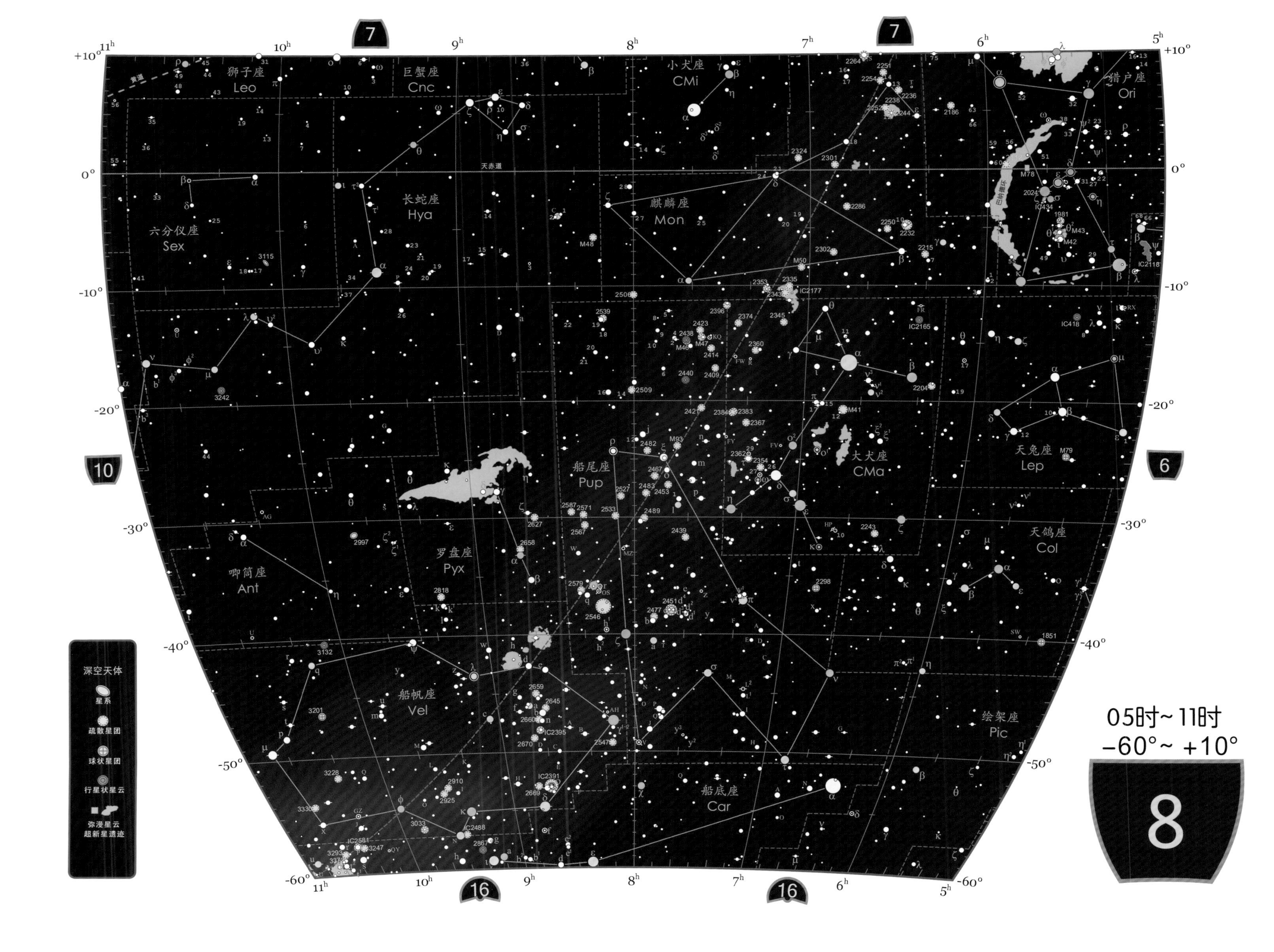

狮子座 Leo
巨蟹座 Cnc
小犬座 CMi
猎户座 Ori
长蛇座 Hya
麒麟座 Mon
六分仪座 Sex
天赤道
黄道
船尾座 Pup
大犬座 CMa
天兔座 Lep
罗盘座 Pyx
唧筒座 Ant
天鸽座 Col
船帆座 Vel
绘架座 Pic
船底座 Car
深空天体
星系
疏散星团
球状星团
行星状星云
弥漫星云
超新星遗迹
05时~11时
-60°~ +10°
8

星图 7-8

深空天体表

赤经 6时 ~ 10时
赤纬 -50° ~ +50°

星系

名称	星座	赤经	赤纬	类型	亮度	表面亮度	视大小
NGC2903	狮子座	$09^h32.2^m$	+21° 30'	SBbc	8.8	13.3	12.6×6'
NGC2997	唧筒座	$09^h45.6^m$	−31° 11'	SBc	9.4	13.7	8.9×6.8'

注:表面亮度单位为星等/平方角分

弥漫星云/超新星遗迹

名称	星座	赤经	赤纬	类型	亮度	视大小
NGC2174	猎户座	$06^h09.4^m$	+20° 40'	EN	–	40×30'
NGC2175	猎户座	$06^h09.6^m$	+20° 29'	EN	–	18'
NGC2238	麒麟座	$06^h30.7^m$	+05° 01'	EN	6.0	80×60'
IC443	双子座	$06^h16.6^m$	+22° 31'	SNR	12.0	50×40'
IC444	双子座	$06^h21.1^m$	+23° 06'	RN	–	8×4'
IC2177	麒麟座	$07^h04.4^m$	−10° 27'	EN	–	20×20'

行星状星云

名称	星座	赤经	赤纬	亮度	视大小
NGC2371	双子座	$07^h25.5^m$	+29° 29'	11.2	1.03'
NGC2392	双子座	$07^h29.2^m$	+20° 55'	9.1	0.90'
NGC2438	船尾座	$07^h41.8^m$	−14° 44'	10.8	1.27'
NGC2440	船尾座	$07^h41.9^m$	−18° 12'	9.4	1.32'
IC2165	大犬座	$06^h21.7^m$	−12° 59'	10.5	0.47'

球状星团

名称	星座	赤经	赤纬	类型	亮度	视大小
NGC2298	船尾座	$06^h49.0^m$	−36° 00'	Ⅵ	9.3	5'

疏散星团

名称	星座	赤经	赤纬	类型	亮度	视大小
NGC2129	双子座	$06^h01.1^m$	+23° 19'	Ⅲ3p	6.7	6'
NGC2141	猎户座	$06^h02.9^m$	+10° 27'	Ⅱ3r	9.4	10'
NGC2158	双子座	$06^h07.4^m$	+24° 06'	Ⅱ3r	8.6	5'
NGC2168(M35)	双子座	$06^h09.0^m$	+24° 21'	Ⅲ2m	5.1	25'
NGC2169	猎户座	$06^h08.4^m$	+13° 58'	Ⅰ3p	5.9	6'
NGC2186	猎户座	$06^h12.1^m$	+05° 28'	Ⅱ2p	8.7	5'
NGC2194	猎户座	$06^h13.8^m$	+12° 48'	Ⅲ1r	8.5	9'
NGC2204	大犬座	$06^h15.6^m$	−18° 40'	Ⅲ3m	8.6	10'
NGC2215	麒麟座	$06^h20.8^m$	−07° 17'	Ⅱ2p	8.4	8'
NGC2232	麒麟座	$06^h27.2^m$	−04° 46'	Ⅳ3p	4.2	45'
NGC2236	麒麟座	$06^h29.6^m$	+06° 50'	Ⅲ2p	8.5	8'
NGC2243	大犬座	$06^h29.6^m$	−31° 17'	Ⅰ2r	9.4	8.3'
NGC2244	麒麟座	$06^h32.3^m$	+04° 51'	Ⅱ3p	4.8	24'
NGC2250	麒麟座	$06^h33.8^m$	−05° 05'	Ⅳ2p	8.9	10'
NGC2251	麒麟座	$06^h34.6^m$	+08° 22'	Ⅲ2p	7.3	10'
NGC2252	麒麟座	$06^h34.3^m$	+05° 19'	Ⅳ2p	7.7	18'
NGC2254	麒麟座	$06^h35.8^m$	+07° 40'	Ⅰ2p	9.1	6'
NGC2264	麒麟座	$06^h41.0^m$	+09° 54'	Ⅳ3pn	4.1	40'
NGC2266	双子座	$06^h43.3^m$	+26° 58'	Ⅱ2m	9.5	5'
NGC2281	御夫座	$06^h48.3^m$	+41° 05'	Ⅰ3p	5.4	25'
NGC2286	麒麟座	$06^h47.7^m$	−03° 09'	Ⅳ3m	7.5	15'
NGC2287(M41)	大犬座	$06^h46.0^m$	−20° 45'	Ⅱ3m	4.5	39'
NGC2301	麒麟座	$06^h51.8^m$	+00° 28'	Ⅰ3m	6.0	15'
NGC2302	麒麟座	$06^h51.9^m$	−07° 05'	Ⅱ2p	8.9	2.5'
NGC2323(M50)	麒麟座	$07^h02.8^m$	−08° 23'	Ⅱ3m	5.9	15'
NGC2324	麒麟座	$07^h04.1^m$	+01° 03'	Ⅱ2r	8.4	8'
NGC2331	双子座	$07^h07.0^m$	+27° 16'	Ⅳ1p	8.5	19'
NGC2335	麒麟座	$07^h06.8^m$	−10° 02'	Ⅲ3m	7.2	7'
NGC2343	麒麟座	$07^h08.1^m$	−10° 37'	Ⅲ3p	6.7	6'
NGC2345	大犬座	$07^h08.3^m$	−13° 12'	Ⅰ3m	7.7	12'
NGC2353	麒麟座	$07^h14.5^m$	−10° 16'	Ⅱ2p	7.1	18'
NGC2354	大犬座	$07^h14.2^m$	−25° 41'	Ⅲ2m	6.5	18'
NGC2360	大犬座	$07^h17.7^m$	−15° 38'	Ⅱ2m	7.2	14'
NGC2362	大犬座	$07^h18.7^m$	−24° 57'	Ⅰ3p	3.8	6'
NGC2367	大犬座	$07^h20.1^m$	−21° 53'	Ⅳ3p	7.9	5'
NGC2374	大犬座	$07^h23.9^m$	−13° 16'	Ⅱ3p	8.0	12'
NGC2383	大犬座	$07^h24.6^m$	−20° 57'	Ⅰ3m	8.4	5'
NGC2384	大犬座	$07^h25.2^m$	−21° 01'	Ⅳ3p	7.4	5'
NGC2395	双子座	$07^h27.2^m$	+13° 36'	Ⅲ1p	8.0	15'
NGC2396	船尾座	$07^h28.0^m$	−11° 43'	Ⅲ3p	7.4	10'
NGC2409	船尾座	$07^h31.6^m$	−17° 11'	OCL	7.3	2.5'
NGC2414	船尾座	$07^h33.2^m$	−15° 27'	Ⅰ3m	7.9	6'
NGC2420	双子座	$07^h38.4^m$	+21° 34'	Ⅰ2r	8.3	6'
NGC2421	船尾座	$07^h36.2^m$	−20° 37'	Ⅰ2m	8.3	8'
NGC2422(M47)	船尾座	$07^h36.6^m$	−14° 29'	Ⅲ2m	4.4	25'
NGC2423	船尾座	$07^h37.1^m$	−13° 52'	Ⅳ2m	6.7	12'
NGC2437(M46)	船尾座	$07^h41.8^m$	−14° 49'	Ⅲ2m	6.1	20'
NGC2439	船尾座	$07^h40.8^m$	−31° 42'	Ⅱ3m	6.9	9'
NGC2447(M93)	船尾座	$07^h44.5^m$	−23° 51'	Ⅳ1p	6.2	10'

疏散星团

名称	星座	赤经	赤纬	类型	亮度	视大小
NGC2451	船尾座	$07^h45.4^m$	−37° 57'	Ⅱ2p	2.8	50'
NGC2453	船尾座	$07^h47.6^m$	−27° 12'	Ⅰ2p	8.3	4'
NGC2467	船尾座	$07^h52.4^m$	−26° 26'	OCL+EN	7.1	15'
NGC2477	船尾座	$07^h52.2^m$	−38° 32'	Ⅰ3r	5.8	20'
NGC2482	船尾座	$07^h55.2^m$	−24° 16'	Ⅲ1m	7.3	10'
NGC2483	船尾座	$07^h55.7^m$	−27° 54'	OCL	7.6	9'
NGC2489	船尾座	$07^h56.2^m$	−30° 04'	Ⅱ2m	7.9	5'
NGC2506	麒麟座	$08^h00.0^m$	−10° 46'	Ⅰ2r	7.6	12'
NGC2509	船尾座	$08^h00.8^m$	−19° 03'	Ⅱ1p	9.3	12'
NGC2527	船尾座	$08^h05.0^m$	−28° 09'	Ⅲ1p	6.5	10'
NGC2533	船尾座	$08^h07.1^m$	−29° 52'	Ⅲ1p	7.6	6'
NGC2539	船尾座	$08^h10.6^m$	−12° 49'	Ⅱ1m	6.5	15'
NGC2546	船尾座	$08^h12.4^m$	−37° 37'	Ⅲ2m	6.3	70'
NGC2547	船帆座	$08^h10.1^m$	−49° 14'	Ⅱ2p	4.7	25'
NGC2548(M48)	长蛇座	$08^h13.7^m$	−05° 45'	Ⅰ2m	5.8	30'
NGC2567	船尾座	$08^h18.5^m$	−30° 38'	Ⅲ2m	7.4	11'
NGC2571	船尾座	$08^h18.9^m$	−29° 45'	Ⅳ1p	7.0	7'
NGC2579	船尾座	$08^h20.9^m$	−36° 13'	Ⅳ1p	7.5	19'
NGC2587	船尾座	$08^h23.4^m$	−29° 31'	Ⅱ1p	9.2	10'
NGC2627	罗盘座	$08^h37.2^m$	−29° 57'	Ⅲ2m	8.4	9'
NGC2632(M44)	巨蟹座	$08^h40.4^m$	+19° 40'	Ⅱ2m	3.1	70'
NGC2645	船帆座	$08^h39.0^m$	−46° 14'	Ⅱ2p	7.0	3'
NGC2658	罗盘座	$08^h43.5^m$	−32° 39'	Ⅱ2m	9.2	10'
NGC2659	船帆座	$08^h42.6^m$	−45° 00'	Ⅲ3m	8.6	15'
NGC2660	船帆座	$08^h42.6^m$	−47° 12'	Ⅰ3m	8.8	3'
NGC2670	船帆座	$08^h45.5^m$	−48° 48'	Ⅱ2p	7.8	7'
NGC2682(M67)	巨蟹座	$08^h51.3^m$	+11° 49'	Ⅱ2m	6.9	25'
NGC2818	罗盘座	$09^h16.2^m$	−36° 38'	OCL+PN	8.2	8×8'
IC2157	双子座	$06^h04.8^m$	+24° 03'	Ⅲ2p	8.4	5'
IC2395	船帆座	$08^h42.5^m$	−48° 06'	Ⅱ3p	4.6	13'

变星

名称	变星类型	赤经	赤纬	光变范围	历元	周期（日）
长蛇座 HV(3)	ACV	$08^h35^m28^s$	−07° 58'56"	5.66~5.76	2440619.8	5.57
船帆座 AH	DCEPS	$08^h12^m00^s$	−46° 38'40"	5.50~5.89	2442035.675	4.227171
船帆座 λ	LC	$09^h07^m59^s$	−43° 25'57"	2.14~2.30	–	–
船尾座 KQ	LC	$07^h33^m48^s$	−14° 31'26"	4.82~5.17	–	–
船尾座 L2	SRB	$07^h13^m32^s$	−44° 38'23"	2.60~6.20	–	140.6
船尾座 MX	GCAS	$08^h13^m29^s$	−35° 53'58"	4.60~4.92	–	–
船尾座 MY	DCEPS	$07^h38^m18^s$	−48° 36'05"	5.54~5.76	2441043.72	5.69482
船尾座 MZ	LC	$08^h04^m16^s$	−32° 40'29"	5.20~5.44	–	–
船尾座 NS	LC	$08^h11^m21^s$	−39° 37'07"	4.40~4.50	–	–
船尾座 NV	GCAS	$07^h18^m18^s$	−36° 44'02"	4.58~4.78	–	–
船尾座 OS	GCAS	$08^h13^m58^s$	−36° 19'20"	5.07~5.20	–	–
船尾座 OW	GCAS	$07^h33^m51^s$	−36° 20'18"	5.37~5.56	–	–
船尾座 V	EB/SD	$07^h58^m14^s$	−49° 14'42"	4.35~4.92	2445367.606	1.4544859
船尾座 ρ	DSCT	$08^h07^m32^s$	−24° 18'16"	2.68~2.87	2444995.905	0.1408809
大犬座 EW(27)	GCAS	$07^h14^m15^s$	−26° 21'09"	4.42~4.82	–	–
大犬座 FR	GCAS	$06^h21^m24^s$	−11° 46'24"	5.46~5.64	–	–
大犬座 FT(10)	GCAS	$06^h44^m28^s$	−31° 04'14"	5.13~5.44	–	–
大犬座 FV	GCAS	$07^h07^m22^s$	−23° 50'27"	5.64~5.94	–	–
大犬座 FW	GCAS	$07^h24^m40^s$	−16° 12'05"	5.00~5.50	–	–
大犬座 FY	GCAS	$07^h26^m59^s$	−23° 05'10"	5.54~5.69	–	–
大犬座 HP	GCAS	$06^h45^m31^s$	−30° 56'56"	5.48~5.80	–	–
大犬座 R	EA/SD	$07^h19^m28^s$	−16° 23'43"	5.70~6.34	2444289.361	1.1359405
大犬座 UW(29)	EB/KE	$07^h18^m40^s$	−24° 33'31"	4.84~5.33	2436185.358	4.393407
大犬座κ	GCAS	$06^h49^m50^s$	−32° 30'31"	3.78~3.97	–	–
大犬座o^1	LC	$06^h54^m08^s$	−24° 11'03"	3.78~3.99	–	–
大犬座ω	GCAS	$07^h14^m48^s$	−26° 46'22"	3.60~4.18	–	–
巨蟹座 BI(49)	ACV	$08^h44^m45^s$	+10° 04'54"	5.58~5.71	2441616.5	4.2359
巨蟹座 BM(15)	ACV	$08^h13^m08^s$	+29° 39'24"	5.53~5.65	2439482.9	4.116
巨蟹座 BP(27)	SRB	$08^h26^m43^s$	+12° 39'17"	5.41~5.75	–	40
巨蟹座 RS	SRC	$09^h10^m38^s$	+30° 57'47"	6.20~7.70	–	120
麒麟座 T	DCEP	$06^h25^m13^s$	+07° 05'09"	5.58~6.62	2443784.615	27.024649
狮子座 DR	LB	$09^h41^m35^s$	+31° 16'40"	5.84~5.98	–	–
双子座 BQ(51)	SRB	$07^h13^m22^s$	+16° 09'32"	6.63~7.02	–	50
双子座 IS	SRC	$06^h49^m41^s$	+32° 36'24"	6.60~7.30	–	47
双子座 NP	LB	$07^h02^m25^s$	+17° 45'20"	5.89~6.04	–	–
双子座 NZ	SR	$07^h42^m03^s$	+14° 12'31"	5.52~5.72	–	–
双子座 OV(33)	SXARI	$06^h49^m49^s$	+16° 12'10"	5.85~5.95	–	–
双子座 YY	EA/DM+UV	$07^h34^m37^s$	+31° 52'10"	8.91~9.60	2424595.817	0.81428254
双子座 ζ	DCEP	$07^h04^m06^s$	+20° 34'13"	3.62~4.18	2443805.927	10.15073
双子座 η	SRA+EA	$06^h14^m52^s$	+22° 30'24"	3.15~3.90	2437725	232.9
双子座 μ	LB	$06^h22^m57^s$	+22° 30'49"	2.75~3.02	–	–
双子座 σ	RS	$07^h43^m18^s$	+28° 53'01"	4.13~4.29	2444677.1	19.423
天兔座 SS(17)	ZAND	$06^h04^m59^s$	−16° 29'04"	4.82~5.06	–	–
御夫座 RT(48)	DCEP	$06^h28^m34^s$	+30° 29'35"	5.00~5.82	2454153.88	3.728485
御夫座 UU	SRB	$06^h36^m32^s$	+38° 26'44"	4.90~7.00	–	441
御夫座 WW	EA	$06^h32^m27^s$	+32° 27'18"	5.86~6.54	2452501.814	2.52501936
御夫座 ψ^1	SRC	$06^h24^m53^s$	+49° 17'16"	4.68~5.70	–	175

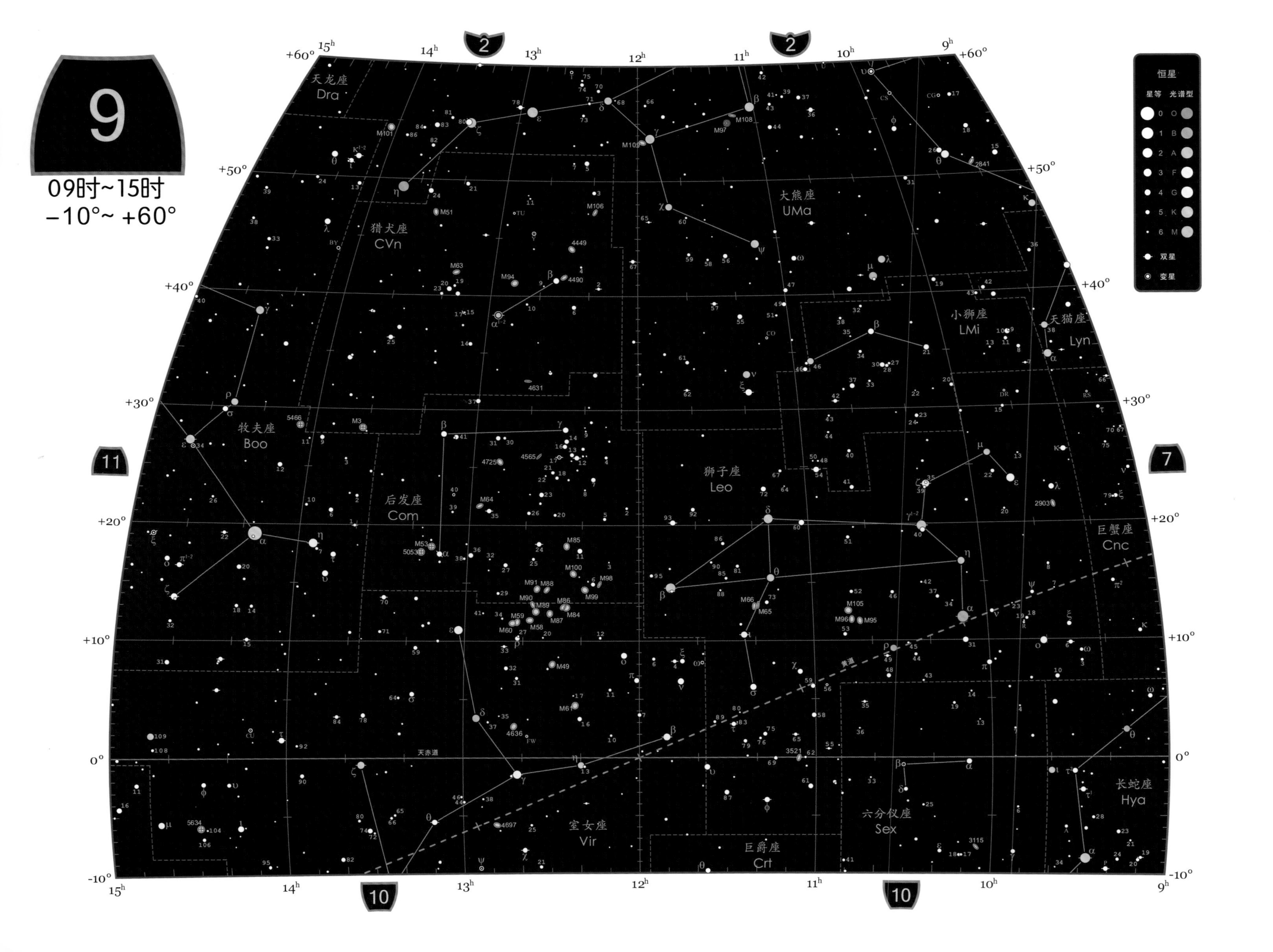

9
09时~15时
−10°~ +60°
恒星
星等
光谱型
O
B
A
F
G
K
M
双星
变星
天龙座
Dra
猎犬座
CVn
大熊座
UMa
小狮座
LMi
天猫座
Lyn
牧夫座
Boo
后发座
Com
狮子座
Leo
巨蟹座
Cnc
室女座
Vir
巨爵座
Crt
六分仪座
Sex
长蛇座
Hya
天赤道
黄道

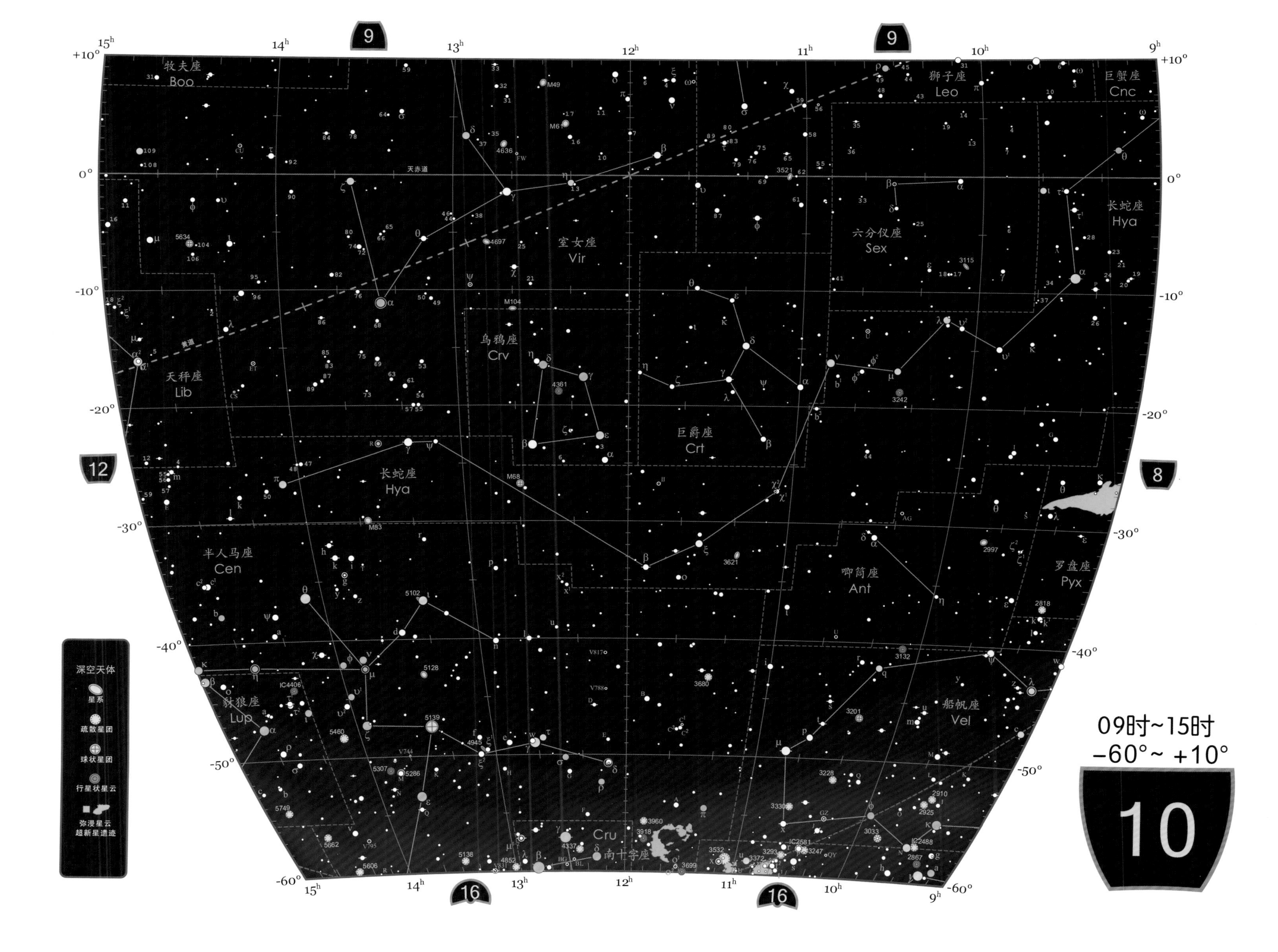
09时~15时
-60°~ +10°
10
9
9
12
8
16
16
牧夫座
Boo
狮子座
Leo
巨蟹座
Cnc
长蛇座
Hya
六分仪座
Sex
室女座
Vir
天秤座
Lib
乌鸦座
Crv
巨爵座
Crt
长蛇座
Hya
半人马座
Cen
唧筒座
Ant
罗盘座
Pyx
船帆座
Vel
豺狼座
Lup
Cru
南十字座
天赤道
黄道
深空天体
星系
疏散星团
球状星团
行星状星云
弥漫星云
超新星遗迹

星图 9-10

深空天体表

赤经 10时 ~ 14时
赤纬 -50° ~ +50°

星系

名称	星座	赤经	赤纬	类型	亮度	表面亮度	视大小
NGC3115	六分仪座	10^{h}05.2^m	−07° 43'	E−S0	9.1	12.3	7.2×2.4'
NGC3351(M95)	狮子座	10^{h}44.0^m	+11° 42'	SBb	9.8	13.6	7.4×5'
NGC3368(M96)	狮子座	10^{h}46.8^m	+11° 49'	SBab	9.3	13.2	7.8×5.2'
NGC3379(M105)	狮子座	10^{h}47.8^m	+12° 35'	E1	9.5	13.1	5.3×4.8'
NGC3521	狮子座	11^{h}05.8^m	−00° 02'	SBbc	9.2	13.5	11.2×5.4'
NGC3621	长蛇座	11^{h}18.2^m	−32° 49'	SBcd	9.4	14.1	12.3×6.8'
NGC3623(M65)	狮子座	11^{h}18.9^m	+13° 05'	Sa	9.2	12.7	9.8×2.9'
NGC3627(M66)	狮子座	11^{h}20.2^m	+12° 59'	Sb	8.9	12.7	9.1×4.1'
NGC4192(M98)	后发座	12^{h}13.8^m	+14° 54'	SBb	10.1	13.5	9.8×2.8'
NGC4254(M99)	后发座	12^{h}18.8^m	+14° 25'	Sc	9.7	13.0	5.3×4.6'
NGC4258(M106)	猎犬座	12^{h}19.0^m	+47° 18'	SBbc	8.3	13.5	18.6×7.2'
NGC4303(M61)	室女座	12^{h}21.9^m	+04° 28'	SBbc	9.3	13.1	6.5×5.9'
NGC4321(M100)	后发座	12^{h}22.9^m	+15° 49'	SBbc	9.3	13.3	7.5×6.1'
NGC4374(M84)	室女座	12^{h}25.0^m	+12° 53'	E1	9.2	13.2	6.5×5.6'
NGC4382(M85)	后发座	12^{h}25.4^m	+18° 11'	S0−a	9.1	13.0	7.1×5.5'
NGC4406(M86)	室女座	12^{h}26.2^m	+12° 57'	E3	8.9	13.3	8.9×5.8'
NGC4449	猎犬座	12^{h}28.2^m	+44° 06'	IBm	9.4	12.8	6.2×4.4'
NGC4472(M49)	室女座	12^{h}29.8^m	+08° 00'	E2	8.3	13.2	10.2×8.3'
NGC4486(M87)	室女座	12^{h}30.8^m	+12° 23'	E/P	8.6	13.0	8.3×6.6'
NGC4490	猎犬座	12^{h}30.6^m	+41° 39'	SBcd	9.5	12.6	6.4×3.2'
NGC4501(M88)	后发座	12^{h}32.0^m	+14° 25'	Sb	9.4	12.8	6.8×3.7'
NGC4548(M91)	后发座	12^{h}35.4^m	+14° 30'	SBb	10.1	13.3	5.2×4.2'
NGC4552(M89)	室女座	12^{h}35.7^m	+12° 33'	E	9.9	12.7	3.5×3.5'
NGC4565	后发座	12^{h}36.3^m	+25° 59'	Sb	9.5	13.2	15.8×2.1'
NGC4569(M90)	室女座	12^{h}36.8^m	+13° 10'	SBab	9.4	13.3	9.5×4.4'
NGC4579(M58)	室女座	12^{h}37.7^m	+11° 49'	SBb	9.6	13.1	6×4.8'
NGC4594(M104)	室女座	12^{h}40.0^m	−11° 37'	Sa	8.3	12.0	8.6×4.2'
NGC4621(M59)	室女座	12^{h}42.0^m	+11° 39'	E5	9.7	13.0	5.4×3.7'
NGC4631	猎犬座	12^{h}42.1^m	+32° 32'	SBcd	9.0	12.9	15.2×2.8'
NGC4636	室女座	12^{h}42.8^m	+02° 41'	E	9.4	13.1	5.9×4.6'
NGC4649(M60)	室女座	12^{h}43.7^m	+11° 33'	E2	8.8	13.1	7.6×6.2'
NGC4697	室女座	12^{h}48.6^m	−05° 48'	E6	9.2	13.1	7.2×4.7'
NGC4725	后发座	12^{h}50.4^m	+25° 30'	SBab/P	9.3	13.9	10.7×7.6'
NGC4736(M94)	猎犬座	12^{h}50.9^m	+41° 07'	Sab	8.1	13.6	14.4×12.1'
NGC4826(M64)	后发座	12^{h}56.7^m	+21° 41'	Sab	8.5	12.7	10×5.4'
NGC4945	半人马座	13^{h}05.4^m	−49° 28'	SBc	8.6	13.2	19.8×4'
NGC5055(M63)	猎犬座	13^{h}15.8^m	+42° 02'	Sbc	8.5	13.2	12.6×7.2'
NGC5102	半人马座	13^{h}22.0^m	−36° 38'	E−S0	9.5	13.0	8.6×2.7'
NGC5128	半人马座	13^{h}25.5^m	−43° 01'	S0	6.6	13.3	25.7×20'
NGC5194(M51)	猎犬座	13^{h}29.9^m	+47° 12'	Sbc	8.1	12.7	11.2×6.9'
NGC5236(M83)	长蛇座	13^{h}37.0^m	−29° 52'	Sc	7.5	12.8	12.9×11.5'

注:表面亮度单位为星等/平方角分

行星状星云

名称	星座	赤经	赤纬	亮度	视大小
NGC3132	船帆座	10^{h}07.0^m	−40° 26'	9.2	1.47'
NGC3242	长蛇座	10^{h}24.8^m	−18° 39'	7.7	1.07'
NGC4361	乌鸦座	12^{h}24.5^m	−18° 47'	10.9	2.10'

球状星团

名称	星座	赤经	赤纬	类型	亮度	视大小
NGC3201	船帆座	10^{h}17.6^m	−46° 25'	X	6.9	20'
NGC4590(M68)	长蛇座	12^{h}39.5^m	−26° 45'	X	7.3	11'
NGC5024(M53)	后发座	13^{h}12.9^m	+18° 10'	V	7.7	13'
NGC5053	后发座	13^{h}16.5^m	+17° 42'	XI	9.0	10'
NGC5139	半人马座	13^{h}26.8^m	−47° 29'	VIII	5.3	55'
NGC5272(M3)	猎犬座	13^{h}42.2^m	+28° 23'	VI	6.3	18'

疏散星团

名称	星座	赤经	赤纬	类型	亮度	视大小
NGC3680	半人马座	11^{h}25.6^m	−43° 15'	I 2p	7.6	7'

◉ 变星

名称	变星类型	赤经	赤纬	光变范围	历元	周期（日）
半人马座 V744	SRB	$13^h39^m59^s$	−49° 57'00"	5.14~6.55	–	90
半人马座 V763	SRB	$11^h35^m13^s$	−47° 22'21"	5.55~5.80	–	60
半人马座 V788	EA/D	$12^h08^m53^s$	−44° 19'34"	5.74~5.93	2441370.496	4.966377
半人马座 V806(2)	SRB	$13^h49^m26^s$	−34° 27'03"	4.16~4.26	–	12
半人马座 V817	GCAS	$12^h08^m54^s$	−41° 13'54"	5.47~5.58	–	–
半人马座 μ	GCAS	$13^h49^m37^s$	−42° 28'25"	2.92~3.47	–	–
长蛇座 II	SRB	$11^h48^m45^s$	−26° 44'59"	4.85~5.12	2440684	61
长蛇座 R	M	$13^h29^m42^s$	−23° 16'53"	3.50~10.90	2443596	388.87
长蛇座 U	SRB	$10^h37^m33^s$	−13° 23'04"	7.00~9.40	–	450
长蛇座 χ^2	EA/DM	$11^h05^m57^s$	−27° 17'16"	5.65~5.94	2442848.611	2.267701
大熊座 CO	LB	$11^h09^m19^s$	+36° 18'34"	5.74~5.95	–	–
后发座 AI(17)	ACV+DSCT	$12^h28^m54^s$	+25° 54'46"	5.23~5.40	2439586.07	5.0633
后发座 FS(40)	SRB	$13^h06^m22^s$	+22° 36'58"	5.30~6.10	–	58
唧筒座 AG	UNIQUE	$10^h18^m07^s$	−28° 59'31"	5.29~5.83	–	429
唧筒座 U	LB	$10^h35^m12^s$	−39° 33'45"	8.80~9.70	–	–
猎犬座 TU	SRB	$12^h54^m56^s$	+47° 11'48"	5.55~6.60	–	50
猎犬座 Y	SRB	$12^h45^m07^s$	+45° 26'25"	7.40~10.00	–	157
猎犬座 α^2	ACV	$12^h56^m01^s$	+38° 19'06"	2.84~2.98	2439012.61	5.46939
六分仪座 β	ACV	$10^h30^m17^s$	−00° 38'13"	5.00~5.10	–	–
狮子座 VY(56)	LB	$10^h56^m01^s$	+06° 11'07"	5.69~6.03	–	–
室女座 FW	SRB	$12^h38^m22^s$	+01° 51'17"	5.63~5.75	2442250	15
室女座 α	ELL+BCEP	$13^h25^m11^s$	−11° 09'41"	0.95~1.05	2419530.49	4.014604
室女座 ψ	LB	$12^h54^m21^s$	−09° 32'20"	4.73~4.96	–	–
室女座 ω	LB	$11^h38^m27^s$	+08° 08'03"	5.23~5.50	–	–

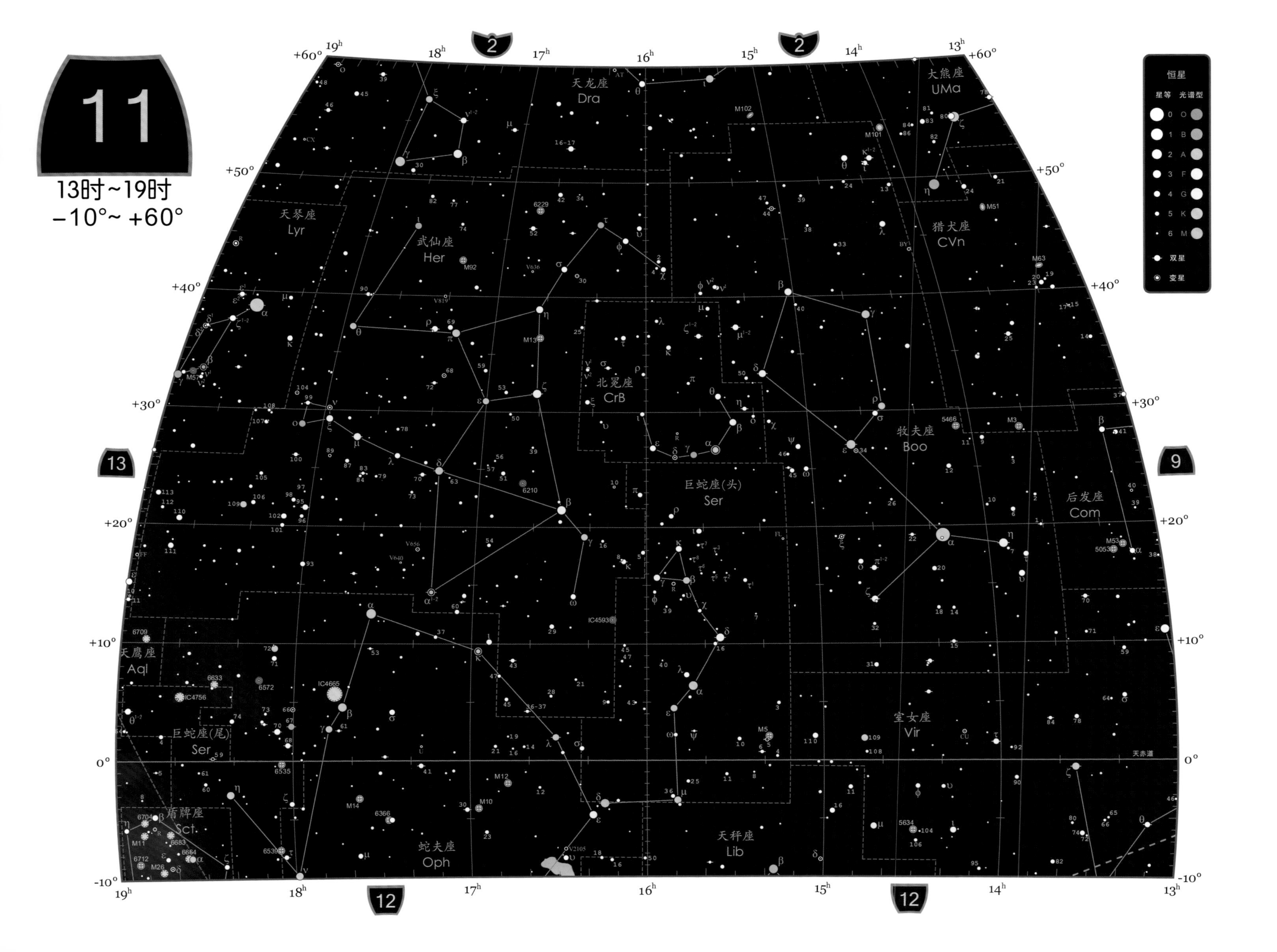

11
13时~19时
-10°~ +60°
天龙座
Dra
大熊座
UMa
天琴座
Lyr
武仙座
Her
猎犬座
CVn
北冕座
CrB
牧夫座
Boo
巨蛇座(头)
Ser
后发座
Com
天鹰座
Aql
巨蛇座(尾)
Ser
室女座
Vir
盾牌座
Sct
蛇夫座
Oph
天秤座
Lib
天赤道
恒星
星等
光谱型
双星
变星

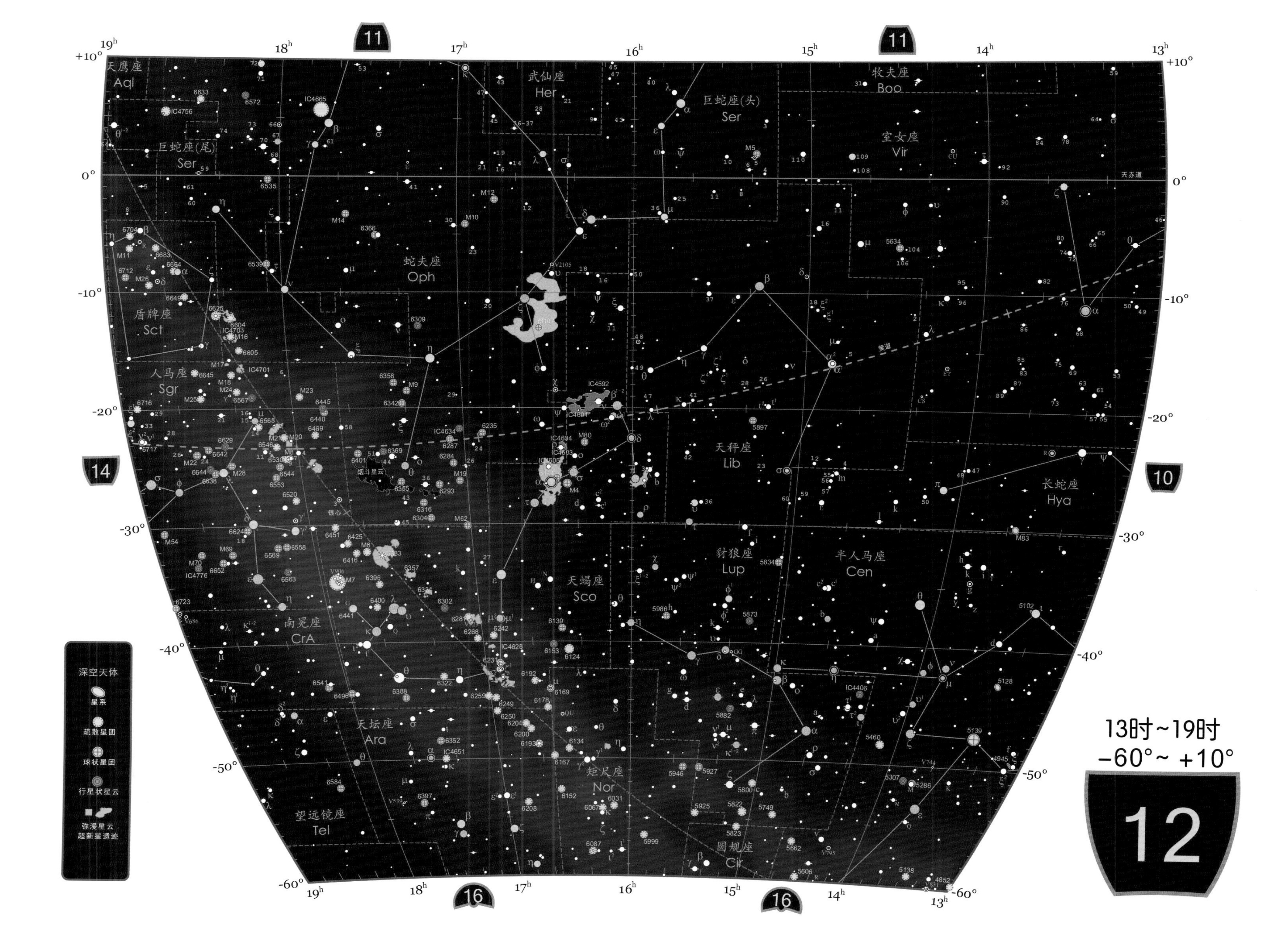

11
11
14
10
16
16
天鹰座
Aql
武仙座
Her
巨蛇座(头)
Ser
牧夫座
Boo
室女座
Vir
巨蛇座(尾)
Ser
蛇夫座
Oph
盾牌座
Sct
人马座
Sgr
天秤座
Lib
长蛇座
Hya
天蝎座
Sco
豺狼座
Lup
半人马座
Cen
南冕座
CrA
天坛座
Ara
矩尺座
Nor
望远镜座
Tel
圆规座
Cir
天赤道
黄道
烟斗星云
银心
深空天体
星系
疏散星团
球状星团
行星状星云
弥漫星云
超新星遗迹
13时~19时
-60°~ +10°
12

星图 11-12

深空天体表

赤经 14时 ~ 18时
赤纬 -50° ~ +50°

弥漫星云/超新星遗迹

名称	星座	赤经	赤纬	类型	亮度	视大小
NGC6334	天蝎座	$17^h20.8^m$	−36° 06'	EN	–	35×20'
NGC6357	天蝎座	$17^h24.7^m$	−34° 12'	EN+OCL	–	25×25'
IC4592	天蝎座	$16^h12.0^m$	−19° 28'	RN+*	–	150×60'
IC4601	天蝎座	$16^h20.3^m$	−20° 05'	RN+*	–	20×10'
IC4603	蛇夫座	$16^h25.4^m$	−24° 28'	RN+*	–	35×20'
IC4604	蛇夫座	$16^h25.5^m$	−23° 27'	RN+*	–	60×50'
IC4605	天蝎座	$16^h30.2^m$	−25° 07'	RN+*	–	30×30'
IC4628	天蝎座	$16^h57.0^m$	−40° 27'	EN	–	90×60'
烟斗星云	蛇夫座	$17^h27.0^m$	−26° 56'	DN	–	300×60'+ 200×140'

行星状星云

名称	星座	赤经	赤纬	亮度	视大小
NGC5873	豺狼座	$15^h12.8^m$	−38° 08'	11.0	0.22'
NGC5882	豺狼座	$15^h16.8^m$	−45° 39'	9.4	0.33'
NGC6153	天蝎座	$16^h31.5^m$	−40° 15'	10.9	0.40'
NGC6210	武仙座	$16^h44.5^m$	+23° 48'	8.8	0.35'
NGC6302	天蝎座	$17^h13.7^m$	−37° 06'	9.6	1.48'
NGC6309	蛇夫座	$17^h14.1^m$	−12° 55'	11.5	0.32'
NGC6369	蛇夫座	$17^h29.3^m$	−23° 46'	11.4	0.63'
NGC6445	人马座	$17^h49.2^m$	−20° 01'	11.2	0.73'
IC4406	豺狼座	$14^h22.4^m$	−44° 09'	10.2	1.77'
IC4593	武仙座	$16^h11.7^m$	+12° 04'	10.7	0.70'
IC4634	蛇夫座	$17^h01.5^m$	−21° 50'	10.9	0.40'

球状星团

名称	星座	赤经	赤纬	类型	亮度	视大小
NGC5466	牧夫座	$14^h05.4^m$	+28° 32'	XII	9.2	9'
NGC5634	室女座	$14^h29.6^m$	−05° 59'	IV	9.5	5.5'
NGC5834	豺狼座	$15^h04.0^m$	−33° 04'	I	9.1	7.4'
NGC5897	天秤座	$15^h17.4^m$	−21° 01'	XI	8.4	11'
NGC5904(M5)	巨蛇座	$15^h18.5^m$	+02° 05'	V	5.7	23'
NGC5986	豺狼座	$15^h46.0^m$	−37° 47'	VII	7.6	9.6'
NGC6093(M80)	天蝎座	$16^h17.0^m$	−22° 58'	II	7.3	10'
NGC6121(M4)	天蝎座	$16^h23.6^m$	−26° 31'	IX	5.4	36'
NGC6139	天蝎座	$16^h27.7^m$	−38° 51'	II	9.1	8.2'
NGC6144	天蝎座	$16^h27.2^m$	−26° 01'	XI	9.0	7.4'
NGC6171(M107)	蛇夫座	$16^h32.5^m$	−13° 03'	X	7.8	13'
NGC6205(M13)	武仙座	$16^h41.7^m$	+36° 28'	V	5.8	20'
NGC6218(M12)	蛇夫座	$16^h47.2^m$	−01° 57'	IX	6.1	16'
NGC6229	武仙座	$16^h47.0^m$	+47° 32'	IV	9.4	4.5'
NGC6235	蛇夫座	$16^h53.4^m$	−22° 11'	X	8.9	5'
NGC6254(M10)	蛇夫座	$16^h57.1^m$	−04° 06'	VII	6.6	20'
NGC6266(M62)	蛇夫座	$17^h01.2^m$	−30° 07'	IV	6.4	15'
NGC6273(M19)	蛇夫座	$17^h02.6^m$	−26° 16'	VIII	6.8	17'
NGC6284	蛇夫座	$17^h04.5^m$	−24° 46'	IX	8.9	6.2'
NGC6287	蛇夫座	$17^h05.2^m$	−22° 42'	VII	9.3	4.8'
NGC6293	蛇夫座	$17^h10.2^m$	−26° 35'	IV	8.3	8.2'
NGC6304	蛇夫座	$17^h14.5^m$	−29° 28'	VI	8.3	8'
NGC6316	蛇夫座	$17^h16.6^m$	−28° 08'	III	8.1	5.4'
NGC6333(M9)	蛇夫座	$17^h19.2^m$	−18° 31'	VIII	7.8	12'
NGC6341(M92)	武仙座	$17^h17.1^m$	+43° 08'	IV	6.5	14'
NGC6342	蛇夫座	$17^h21.2^m$	−19° 35'	IV	9.5	4.4'
NGC6352	天坛座	$17^h25.5^m$	−48° 25'	XI	7.8	9'
NGC6355	蛇夫座	$17^h24.0^m$	−26° 21'	GCL	8.6	4.2'
NGC6356	蛇夫座	$17^h23.6^m$	−17° 49'	II	8.2	10'
NGC6366	蛇夫座	$17^h27.7^m$	−05° 05'	XI	9.5	13'
NGC6388	天蝎座	$17^h36.3^m$	−44° 44'	III	6.8	10.4'
NGC6401	蛇夫座	$17^h38.6^m$	−23° 54'	VIII	7.4	4.8'
NGC6402(M14)	蛇夫座	$17^h37.6^m$	−03° 15'	VIII	7.6	11'
NGC6440	人马座	$17^h48.9^m$	−20° 22'	V	9.3	4.4'
NGC6441	天蝎座	$17^h50.2^m$	−37° 03'	III	7.2	9.6'
NGC6496	天蝎座	$17^h59.0^m$	−44° 16'	XII	8.6	5.6'

星图 11-12

深空天体与变星表

赤经 14时 ~ 18时
赤纬 -50° ~ +50°

疏散星团

名称	星座	赤经	赤纬	类型	亮度	视大小
NGC5460	半人马座	$14^h07.6^m$	−48° 18′	Ⅱ3m	5.6	35′
NGC6124	天蝎座	$16^h25.3^m$	−40° 40′	Ⅱ3m	5.8	40′
NGC6134	矩尺座	$16^h27.7^m$	−49° 10′	Ⅱ3m	7.2	6′
NGC6167	矩尺座	$16^h34.6^m$	−49° 46′	Ⅱ3m	6.7	7′
NGC6169	矩尺座	$16^h34.1^m$	−44° 03′	OCL	6.6	12′
NGC6178	天蝎座	$16^h35.8^m$	−45° 39′	Ⅰ3p	7.2	5′
NGC6192	天蝎座	$16^h40.3^m$	−43° 22′	Ⅰ2p	8.5	9′
NGC6193	天坛座	$16^h41.3^m$	−48° 46′	Ⅱ3p	5.2	14′
NGC6200	天坛座	$16^h44.1^m$	−47° 28′	Ⅲ2m	7.4	15′
NGC6204	天坛座	$16^h46.1^m$	−47° 01′	Ⅰ2p	8.2	6′
NGC6231	天蝎座	$16^h54.2^m$	−41° 50′	Ⅰ3p	2.6	14′
NGC6242	天蝎座	$16^h55.5^m$	−39° 28′	Ⅰ3m	6.4	9′
NGC6249	天蝎座	$16^h57.7^m$	−44° 48′	Ⅱ1p	8.2	6′
NGC6250	天坛座	$16^h57.9^m$	−45° 56′	Ⅳ3p	5.9	16′
NGC6259	天蝎座	$17^h00.8^m$	−44° 39′	Ⅲ2m	8.0	15′
NGC6268	天蝎座	$17^h02.1^m$	−39° 43′	Ⅱ2p	9.5	6′
NGC6281	天蝎座	$17^h04.8^m$	−37° 53′	Ⅱ2p	5.4	8′
NGC6322	天蝎座	$17^h18.4^m$	−42° 56′	Ⅰ2p	6.0	5′
NGC6383	天蝎座	$17^h34.7^m$	−32° 35′	Ⅳ3p	5.5	20′
NGC6396	天蝎座	$17^h37.6^m$	−35° 02′	Ⅱ3p	8.5	3′
NGC6400	天蝎座	$17^h40.2^m$	−36° 58′	Ⅱ2m	8.8	12′
NGC6405(M6)	天蝎座	$17^h40.3^m$	−32° 16′	Ⅲ2p	4.2	33′
NGC6416	天蝎座	$17^h44.3^m$	−32° 22′	Ⅳ1p	5.7	15′
NGC6425	天蝎座	$17^h47.0^m$	−31° 32′	Ⅰ1p	7.2	10′
NGC6451	天蝎座	$17^h50.7^m$	−30° 13′	Ⅱ1p	8.2	8′
NGC6469	人马座	$17^h52.9^m$	−22° 19′	Ⅲ2p	8.2	8′
NGC6475(M7)	天蝎座	$17^h53.8^m$	−34° 48′	Ⅱ2r	3.3	75′
NGC6494(M23)	人马座	$17^h56.9^m$	−19° 01′	Ⅲ1m	5.5	25′
IC4651	天坛座	$17^h24.9^m$	−49° 57′	Ⅱ3m	6.9	10′
IC4665	蛇夫座	$17^h46.2^m$	+05° 43′	Ⅲ2p	4.2	70′

变星

名称	变星类型	赤经	赤纬	光变范围	历元	周期（日）
半人马座η	GCAS	$14^h35^m30^s$	−42° 09′28″	2.30~2.41	–	–
北冕座 R	RCB	$15^h48^m34^s$	+28° 09′24″	5.71~14.80	–	–
北冕座α	EA/DM	$15^h34^m41^s$	+26° 42′53″	2.21~2.32	2423163.77	17.359907
北冕座δ	RS	$15^h49^m35^s$	+26° 04′06″	4.57~4.69	–	–
豺狼座 GG	EB/DM	$15^h18^m56^s$	−40° 47′18″	5.49~6.00	2434532.325	2.164175
矩尺座 QU	GCAS	$16^h29^m42^s$	−46° 14′36″	5.29~5.41	–	–
矩尺座μ	ACYG	$16^h34^m05^s$	−44° 02′43″	4.87~4.98	–	–
巨蛇座 FL	LB	$15^h12^m04^s$	+18° 58′34″	5.79~6.02	–	–
巨蛇座 MQ(5)	BY	$15^h19^m18^s$	+01° 45′55″	4.99~5.11	–	–
巨蛇座 R	M	$15^h50^m41^s$	+15° 08′01″	5.16~14.40	2445521	356.41
牧夫座 BY	LB	$14^h07^m55^s$	+43° 51′16″	4.98~5.33	–	–
牧夫座 i(44)	EW	$15^h03^m47^s$	+47° 39′15″	4.70~4.86	2452500.181	0.267819
牧夫座 W(34)	SRB	$14^h43^m25^s$	+26° 31′40″	4.49~5.40	–	25
牧夫座ξ	BY	$14^h51^m23^s$	+19° 06′02″	4.52~4.67	–	10.137
人马座 X(3)	DCEP	$17^h47^m33^s$	−27° 49′51″	4.20~4.90	2440741.7	7.01283
蛇夫座 U	EA/DM	$17^h16^m31^s$	+01° 12′38″	5.84~6.56	2444416.386	1.67734617
蛇夫座 V2105	SRB	$16^h27^m43^s$	−07° 35′53″	5.00~5.38	–	–
蛇夫座κ	LB	$16^h57^m40^s$	+09° 22′30″	4.10~5.00	–	–
蛇夫座χ	GCAS	$16^h27^m01^s$	−18° 27′23″	4.18~5.00	–	–
室女座 CS	ACV	$14^h18^m38^s$	−18° 42′57″	5.84~5.95	2440382.25	9.2954
室女座 CU	ACV	$14^h12^m15^s$	+02° 24′34″	4.92~5.07	2441455.685	0.5206794
室女座 ET	SRB	$14^h10^m50^s$	−16° 18′07″	4.80~5.00	2440697	80
天秤座 FX(48)	GCAS	$15^h58^m11^s$	−14° 16′46″	4.74~4.96	–	–
天秤座δ	EA/SD	$15^h00^m58^s$	−08° 31′08″	4.91~5.90	2442960.699	2.3273543
天秤座σ	SRB	$15^h04^m04^s$	−25° 16′55″	3.20~3.46	–	20
天坛座α	BE	$17^h31^m50^s$	−49° 52′34″	2.79~3.13	–	0.9807
天蝎座 V906	EA/DM	$17^h53^m54^s$	−34° 45′10″	5.96~6.23	2439649.819	2.785847
天蝎座 V923	EA/D	$17^h03^m50^s$	−38° 09′09″	5.86~6.24	2441903.691	34.8269
天蝎座α	LC	$16^h29^m24^s$	−26° 25′55″	0.88~1.16	–	–
天蝎座δ	GCAS	$16^h00^m20^s$	−22° 37′18″	1.86~2.32	–	–
天蝎座ζ^1	SDOR	$16^h53^m59^s$	−42° 21′43″	4.66~4.86	–	–
天蝎座μ^1	EB/SD	$16^h51^m52^s$	−38° 02′51″	2.94~3.22	2432001.045	1.44626907
武仙座 g(30)	SRB	$16^h28^m38^s$	+41° 52′54″	4.30~6.30	–	89.2
武仙座 LQ(10)	LB	$16^h11^m38^s$	+23° 29′41″	5.58~5.83	–	–
武仙座 u(68)	EA/SD	$17^h17^m19^s$	+33° 06′00″	4.69~5.37	2405830.033	2.051027
武仙座 V441(89)	SRD	$17^h55^m25^s$	+26° 03′00″	5.34~5.54	–	68
武仙座 V636	LB	$16^h47^m19^s$	+42° 14′20″	5.83~6.03	–	–
武仙座 V640	LB	$17^h25^m54^s$	+16° 55′03″	5.98~6.21	–	–
武仙座 V656	LB	$17^h20^m18^s$	+18° 03′25″	4.90~5.10	–	–
武仙座 V819	EA/D+BY	$17^h21^m43^s$	+39° 58′29″	5.51~5.63	–	–
武仙座α	SRC	$17^h14^m38^s$	+14° 23′25″	2.74~4.00	–	–
武仙座ν	SRD	$17^h58^m30^s$	+30° 11′21″	4.38~4.48	–	29

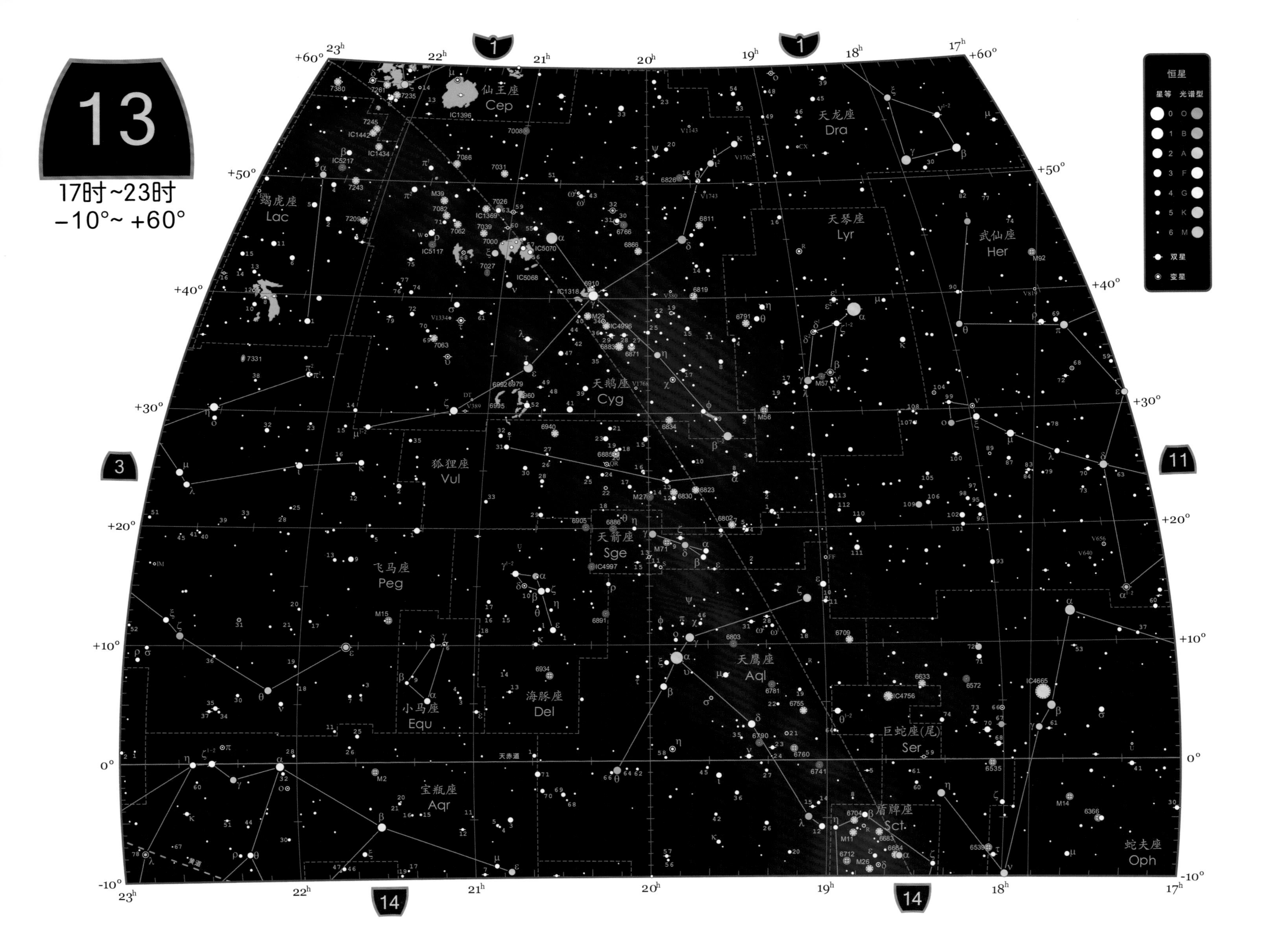
13
17时~23时
-10°~ +60°
恒星
星等
光谱型
双星
变星
仙王座
Cep
天龙座
Dra
蝎虎座
Lac
天琴座
Lyr
武仙座
Her
天鹅座
Cyg
狐狸座
Vul
天箭座
Sge
飞马座
Peg
天鹰座
Aql
小马座
Equ
海豚座
Del
巨蛇座(尾)
Ser
宝瓶座
Aqr
盾牌座
Sct
蛇夫座
Oph
天赤道
黄道

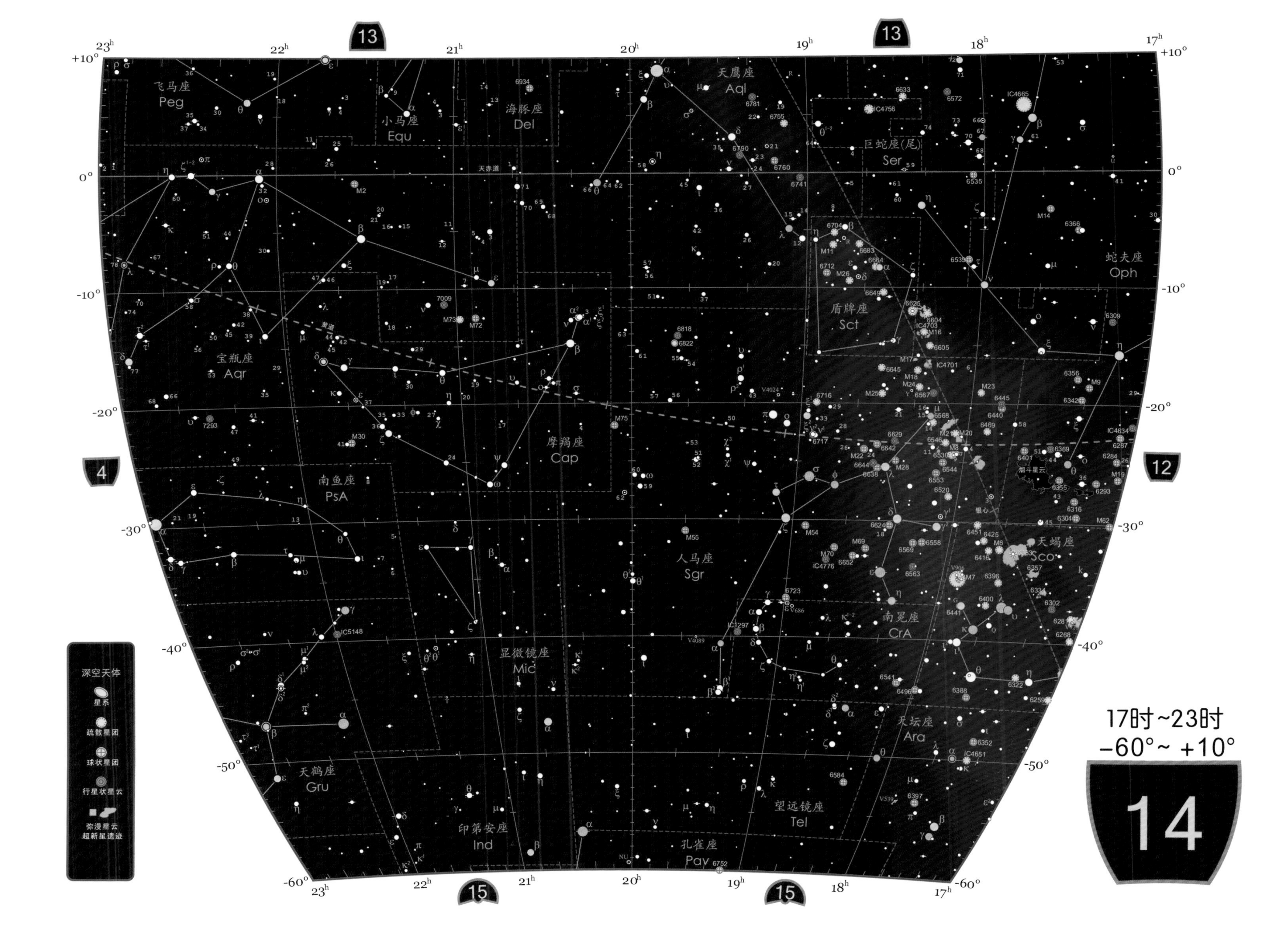

飞马座
Peg
小马座
Equ
海豚座
Del
天鹰座
Aql
巨蛇座(尾)
Ser
蛇夫座
Oph
宝瓶座
Aqr
盾牌座
Sct
摩羯座
Cap
南鱼座
PsA
人马座
Sgr
天蝎座
Sco
南冕座
CrA
显微镜座
Mic
天坛座
Ara
天鹤座
Gru
印第安座
Ind
孔雀座
Pav
望远镜座
Tel
天赤道
黄道
烟斗星云
银心
深空天体
星系
疏散星团
球状星团
行星状星云
弥漫星云
超新星遗迹
17时~23时
-60°~ +10°
14
13
12
15
4

星图 13–14

深空天体表

赤经 18时 ～22时
赤纬 -50° ～+50°

星系

名称	星座	赤经	赤纬	类型	亮度	表面亮度	视大小
NGC6822	人马座	$19^h44.9^m$	−14° 48'	IBm	8.7	14.4	15.4×14.2'

注：表面亮度单位为星等/平方角分

弥漫星云/超新星遗迹

名称	星座	赤经	赤纬	类型	亮度	视大小
NGC6514(M20)	人马座	$18^h02.7^m$	−22° 58'	EN+OCL	8.5	20×20'
NGC6523(M8)	人马座	$18^h03.7^m$	−24° 23'	EN	5.8	45×30'
NGC6618(M17)	人马座	$18^h20.8^m$	−16° 10'	EN+OCL	6.0	20×15'
NGC6960	天鹅座	$20^h45.7^m$	+30° 43'	SNR	7.0	70×6'
NGC6979	天鹅座	$20^h50.5^m$	+32° 02'	EN	–	7×3'
NGC6992	天鹅座	$20^h56.3^m$	+31° 44'	EN	7.0	60×8'
NGC6995	天鹅座	$20^h57.2^m$	+31° 14'	EN	7.0	12×12'
NGC7000	天鹅座	$20^h59.3^m$	+44° 31'	EN	5.0	120×100'
IC1318	天鹅座	$20^h22.2^m$	+40° 15'	EN	–	50×30'
IC4701	人马座	$18^h16.0^m$	−16° 38'	EN	–	60×40'
IC4703	巨蛇座	$18^h18.0^m$	−13° 50'	EN	–	35×28'
IC5068	天鹅座	$20^h50.5^m$	+42° 29'	EN	–	40×30'
IC5070	天鹅座	$20^h51.0^m$	+44° 24'	EN	8.0	60×50'

行星状星云

名称	星座	赤经	赤纬	亮度	视大小
NGC6563	人马座	$18^h12.0^m$	−33° 52'	11.0	0.80'
NGC6567	人马座	$18^h13.8^m$	−19° 05'	11.0	0.20'
NGC6572	蛇夫座	$18^h12.1^m$	+06° 51'	8.1	0.25'
NGC6629	人马座	$18^h25.7^m$	−23° 12'	11.3	0.27'
NGC6644	人马座	$18^h32.6^m$	−25° 08'	10.7	0.20'
NGC6720(M57)	天琴座	$18^h53.6^m$	+33° 02'	8.8	3×2.4'
NGC6741	天鹰座	$19^h02.6^m$	−00° 27'	11.5	0.13'
NGC6766	天鹅座	$20^h10.4^m$	+46° 28'	10.9	0.25'
NGC6781	天鹰座	$19^h18.5^m$	+06° 32'	11.4	1.90'
NGC6790	天鹰座	$19^h23.0^m$	+01° 31'	10.5	0.17'
NGC6803	天鹰座	$19^h31.3^m$	+10° 03'	11.4	0.17'
NGC6818	人马座	$19^h44.0^m$	−14° 09'	9.3	0.77'
NGC6853(M27)	狐狸座	$19^h59.6^m$	+22° 43'	7.4	6.70'
NGC6886	天箭座	$20^h12.7^m$	+19° 59'	11.4	0.17'
NGC6891	海豚座	$20^h15.1^m$	+12° 42'	10.5	0.35'
NGC6905	海豚座	$20^h22.4^m$	+20° 06'	11.1	1.20'
NGC7009	宝瓶座	$21^h04.2^m$	−11° 22'	8.0	0.58'
NGC7026	天鹅座	$21^h06.3^m$	+47° 51'	10.9	0.75'
NGC7027	天鹅座	$21^h07.0^m$	+42° 14'	8.5	0.3×0.2'
IC1297	南冕座	$19^h17.4^m$	−39° 37'	10.7	0.40'
IC4776	人马座	$18^h45.8^m$	−33° 21'	10.8	0.30'
IC4997	天箭座	$20^h20.1^m$	+16° 44'	10.5	0.22'
IC5117	天鹅座	$21^h32.5^m$	+44° 36'	11.5	0.20'
IC5148	天鹤座	$21^h59.6^m$	−39° 23'	11.0	2.20'

球状星团

名称	星座	赤经	赤纬	类型	亮度	视大小
NGC6535	巨蛇座	$18^h03.8^m$	−00° 18'	XI	9.3	3.4'
NGC6539	蛇夫座	$18^h04.8^m$	−07° 35'	X	8.9	7.9'
NGC6541	南冕座	$18^h08.0^m$	−43° 43'	III	6.3	15'
NGC6544	人马座	$18^h07.3^m$	−24° 60'	V	7.5	9.2'
NGC6553	人马座	$18^h09.2^m$	−25° 54'	XI	8.3	9.2'
NGC6558	人马座	$18^h10.3^m$	−31° 46'	GCL	8.6	4.2'
NGC6569	人马座	$18^h13.6^m$	−31° 50'	VIII	8.4	6.4'
NGC6624	人马座	$18^h23.7^m$	−30° 22'	VI	7.6	8.8'
NGC6626(M28)	人马座	$18^h24.5^m$	−24° 52'	IV	6.9	13.8'
NGC6637(M69)	人马座	$18^h31.4^m$	−32° 21'	V	8.3	7.1'
NGC6638	人马座	$18^h30.9^m$	−25° 30'	VI	9.2	7.3'
NGC6642	人马座	$18^h31.9^m$	−23° 29'	IV	8.9	5.8'
NGC6652	人马座	$18^h35.8^m$	−32° 59'	VI	8.5	6'
NGC6656(M22)	人马座	$18^h36.4^m$	−23° 54'	VII	5.2	32'
NGC6681(M70)	人马座	$18^h43.2^m$	−32° 17'	V	7.8	8'
NGC6712	盾牌座	$18^h53.1^m$	−08° 42'	IX	8.1	9.8'
NGC6715(M54)	人马座	$18^h55.0^m$	−30° 29'	III	7.7	12'
NGC6717	人马座	$18^h55.1^m$	−22° 42'	VIII	8.4	5.4'
NGC6723	人马座	$18^h59.5^m$	−36° 38'	VII	6.8	13'
NGC6760	天鹰座	$19^h11.2^m$	+01° 02'	IX	9.0	9.6'
NGC6779(M56)	天琴座	$19^h16.6^m$	+30° 11'	X	8.4	8.8'
NGC6809(M55)	人马座	$19^h40.0^m$	−30° 58'	XI	6.3	19'
NGC6838(M71)	天箭座	$19^h53.8^m$	+18° 47'	GCL	8.4	7.2'
NGC6864(M75)	人马座	$20^h06.1^m$	−21° 55'	I	8.6	6.8'
NGC6934	海豚座	$20^h34.2^m$	+07° 24'	VIII	8.9	7.1'
NGC6981(M72)	宝瓶座	$20^h53.5^m$	−12° 32'	IX	9.2	6.6'
NGC7078(M15)	飞马座	$21^h30.0^m$	+12° 10'	IV	6.3	18'
NGC7089(M2)	宝瓶座	$21^h33.5^m$	−00° 49'	II	6.6	16'
NGC7099(M30)	摩羯座	$21^h40.4^m$	−23° 11'	V	6.9	12'

星图 13–14

深空天体与变星表

赤经 18时 ~ 22时
赤纬 −50° ~ +50°

疏散星团

名称	星座	赤经	赤纬	类型	亮度	视大小
NGC6520	人马座	$18^h03.4^m$	−27° 53′	Ⅰ2m	7.6	5′
NGC6530	人马座	$18^h04.5^m$	−24° 22′	Ⅱ2mn	4.6	15′
NGC6531(M21)	人马座	$18^h04.2^m$	−22° 30′	Ⅰ3m	5.9	16′
NGC6546	人马座	$18^h07.4^m$	−23° 18′	Ⅲ2m	8.0	15′
NGC6568	人马座	$18^h12.7^m$	−21° 35′	Ⅲ1m	8.6	12′
NGC6604	巨蛇座	$18^h18.1^m$	−12° 13′	Ⅰ3p	6.5	6′
NGC6605	巨蛇座	$18^h16.4^m$	−15° 00′	OCL	6.0	29′
NGC6611(M16)	巨蛇座	$18^h18.8^m$	−13° 48′	Ⅱ3mn	6.0	8′
NGC6613(M18)	人马座	$18^h20.0^m$	−17° 06′	Ⅱ3pn	6.9	7′
NGC6625	盾牌座	$18^h23.2^m$	−12° 01′	OCL	9.0	39′
NGC6633	蛇夫座	$18^h27.2^m$	+06° 30′	Ⅲ2m	4.6	20′
NGC6645	人马座	$18^h32.6^m$	−16° 53′	Ⅲ1m	8.5	15′
NGC6649	盾牌座	$18^h33.5^m$	−10° 24′	Ⅱ2m	8.9	6′
NGC6664	盾牌座	$18^h36.5^m$	−08° 11′	Ⅲ2m	7.8	12′
NGC6683	盾牌座	$18^h42.2^m$	−06° 13′	Ⅰ2p	9.4	3′
NGC6694(M26)	盾牌座	$18^h45.2^m$	−09° 23′	Ⅰ1m	8.0	10′
NGC6704	盾牌座	$18^h50.8^m$	−05° 12′	Ⅰ3m	9.2	6′
NGC6705(M11)	盾牌座	$18^h51.1^m$	−06° 16′	Ⅰ2r	5.8	11′
NGC6709	天鹰座	$18^h51.5^m$	+10° 20′	Ⅲ2m	6.7	15′
NGC6716	人马座	$18^h54.6^m$	−19° 54′	Ⅳ1p	7.5	10′
NGC6755	天鹰座	$19^h07.8^m$	+04° 16′	Ⅳ2m	7.5	15′
NGC6791	天琴座	$19^h20.9^m$	+37° 46′	Ⅱ3r	9.5	10′
NGC6802	狐狸座	$19^h30.6^m$	+20° 16′	Ⅲ1m	8.8	5′
NGC6811	天鹅座	$19^h37.2^m$	+46° 23′	Ⅳ3p	6.8	15′
NGC6819	天鹅座	$19^h41.3^m$	+40° 11′	Ⅰ1r	7.3	5′
NGC6823	狐狸座	$19^h43.2^m$	+23° 18′	Ⅰ3pn	7.1	7′
NGC6830	狐狸座	$19^h51.0^m$	+23° 06′	Ⅱ2p	7.9	6′
NGC6834	天鹅座	$19^h52.2^m$	+29° 24′	Ⅱ2m	7.8	6′
NGC6866	天鹅座	$20^h03.9^m$	+44° 10′	Ⅱ2m	7.6	7′
NGC6871	天鹅座	$20^h06.4^m$	+35° 47′	Ⅳ3p	5.2	30′
NGC6883	天鹅座	$20^h11.3^m$	+35° 51′	Ⅰ3p	8.0	35′
NGC6885	狐狸座	$20^h12.0^m$	+26° 29′	Ⅲ2p	8.1	20′
NGC6910	天鹅座	$20^h23.2^m$	+40° 47′	Ⅰ2p	7.4	10′
NGC6913(M29)	天鹅座	$20^h24.1^m$	+38° 30′	Ⅲ3p	6.6	10′
NGC6940	狐狸座	$20^h34.5^m$	+28° 17′	Ⅲ2m	6.3	25′
NGC6994(M73)	宝瓶座	$20^h58.9^m$	−12° 38′	*4	8.9	1.4′
NGC7039	天鹅座	$21^h11.2^m$	+45° 39′	Ⅲ2p	7.6	15′
NGC7062	天鹅座	$21^h23.5^m$	+46° 23′	Ⅲ1p	8.3	5′
NGC7063	天鹅座	$21^h24.4^m$	+36° 29′	Ⅲ2p	7.0	9′
NGC7082	天鹅座	$21^h29.3^m$	+47° 08′	Ⅳ2p	7.2	24′
NGC7092(M39)	天鹅座	$21^h31.9^m$	+48° 26′	Ⅲ2p	4.6	31′
IC1369	天鹅座	$21^h12.1^m$	+47° 46′	Ⅰ1m	8.8	5′
IC4715(M24)	人马座	$18^h18.8^m$	−18° 33′	*Cloud	–	10′
IC4725(M25)	人马座	$18^h31.8^m$	−19° 07′	Ⅰ2p	4.6	26′
IC4756	巨蛇座	$18^h38.9^m$	+05° 26′	Ⅲ2m	4.6	40′
IC4996	天鹅座	$20^h16.5^m$	+37° 39′	Ⅱ3p	7.3	7′

变星

名称	变星类型	赤经	赤纬	光变范围	历元	周期（日）
盾牌座 R	RVA	$18^h47^m29^s$	−05° 42′19″	4.20~8.60	2444872	146.5
盾牌座 δ	DSCT	$18^h42^m16^s$	−09° 03′09″	4.60~4.79	2443379.05	0.1937697
飞马座 ε	LC	$21^h44^m11^s$	+09° 52′30″	0.70~3.50	–	–
海豚座 δ	DSCT	$20^h43^m27^s$	+15° 04′29″	4.38~4.49	–	–
狐狸座 QR	GCAS	$20^h15^m15^s$	+25° 35′31″	4.60~4.80	–	–
狐狸座 QS(22)	EA/GS	$20^h15^m30^s$	+23° 30′32″	5.15~5.27	–	–
狐狸座 T	DCEP	$20^h51^m28^s$	+28° 15′02″	5.41~6.09	2441705.121	4.435462
巨蛇座 d(59)	I	$18^h27^m12^s$	+00° 11′46″	5.17~5.29	–	–
摩羯座 AG(47)	SRB	$21^h46^m16^s$	−09° 16′33″	5.90~6.14	–	25
摩羯座 δ	EA	$21^h47^m02^s$	−16° 07′38″	2.81~3.05	2435656.913	1.0227688
摩羯座 ε	GCAS	$21^h37^m04^s$	−19° 27′58″	4.48~4.72	–	–
南冕座 V686	ACV	$18^h56^m40^s$	−37° 20′36″	5.25~5.41	2442254.5	7.34
南冕座 ε	EW	$18^h58^m43^s$	−37° 06′26″	4.74~5.00	2439707.662	0.5914264
人马座 V3872(62)	LB	$20^h02^m39^s$	−27° 42′35″	4.45~4.64	–	–
人马座 V4024	GCAS	$19^h08^m16^s$	−19° 17′25″	5.34~5.60	–	–
人马座 V4089	EA/DM	$19^h34^m08^s$	−40° 02′05″	5.87~6.07	–	–
人马座 W	DCEP	$18^h05^m01^s$	−29° 34′48″	4.29~5.14	2443374.77	7.59503
人马座 Y	DCEP	$18^h21^m23^s$	−18° 51′36″	5.25~6.24	2440762.38	5.77335
蛇夫座 V2048(66)	GCAS+UV	$18^h00^m15^s$	+04° 22′07″	4.55~4.85	–	–
天鹅座 DT	DCEPS	$21^h06^m30^s$	+31° 11′05″	5.57~5.96	2444046.969	2.499215
天鹅座 P(34)	SDOR	$20^h17^m47^s$	+38° 01′59″	3.00~6.00	–	–
天鹅座 V1334	DCEPS	$21^h19^m22^s$	+38° 14′15″	5.77~5.96	2440124.533	3.332816
天鹅座 V1488(32)	EA/GS/D	$20^h15^m28^s$	+47° 42′51″	3.90~4.14	2441256.96	1147.4
天鹅座 V1509(19)	LB	$19^h50^m34^s$	+38° 43′21″	5.08~5.40	–	–
天鹅座 V1743	SRB	$19^h33^m41^s$	+49° 15′44″	5.96~6.14	–	40
天鹅座 V1768	ACYG	$20^h04^m36^s$	+32° 13′07″	5.56~5.70	–	–
天鹅座 V1809(68)	ELL	$21^h18^m27^s$	+43° 56′45″	4.98~5.09	–	–
天鹅座 V1931(60)	E+BE	$21^h01^m10^s$	+46° 09′21″	5.33~5.48	–	–
天鹅座 V380	EA/DM	$19^h50^m37^s$	+40° 35′59″	5.61~5.78	2441256.053	12.425612
天鹅座 V389	UNIQUE	$21^h08^m38^s$	+30° 12′20″	5.55~5.71	–	–
天鹅座 V695(31)	EA/GS/D	$20^h13^m37^s$	+46° 44′29″	3.73~3.89	2441470	3784.3
天鹅座 V832(59)	GCAS	$20^h59^m49^s$	+47° 31′15″	4.49~4.88	–	–
天鹅座 W	SRB	$21^h36^m02^s$	+45° 22′29″	6.80~8.90	–	131.1
天鹅座 τ	DSCT	$21^h14^m47^s$	+38° 02′43″	3.65~3.75	–	–
天鹅座 υ	GCAS	$21^h17^m55^s$	+34° 53′49″	4.28~4.50	–	–
天鹅座 χ	M	$19^h50^m33^s$	+32° 54′51″	3.30~14.20	2442140	408.05
天箭座 S(10)	DCEP	$19^h56^m01^s$	+16° 38′05″	5.24~6.04	2442678.792	8.382086
天箭座 VZ(13)	LB	$20^h00^m03^s$	+17° 30′59″	5.27~5.57	–	–
天琴座 R(13)	SRB	$18^h55^m20^s$	+43° 56′46″	3.88~5.00	–	46
天琴座 β（渐台二）	EB	$18^h50^m04^s$	+33° 21′46″	3.25~4.36	2408247.95	12.913834
天琴座 δ^2	SRC	$18^h54^m30^s$	+36° 53′55″	4.22~4.33	–	–
天鹰座 FF	DCEPS	$18^h58^m14^s$	+17° 21′39″	5.18~5.68	2441576.428	4.470916
天鹰座 V1286(10)	ACV	$18^h58^m46^s$	+13° 54′24″	5.83~5.93	2441517.4	6.05
天鹰座 V1288(21)	ACV	$19^h13^m42^s$	+02° 17′37″	5.06~5.16	2444099.23	1.73
天鹰座 η	DCEP	$19^h52^m28^s$	+01° 00′20″	3.48~4.39	2436084.656	7.176641
天鹰座 σ	EB/DM	$19^h39^m11^s$	+05° 23′52″	5.14~5.34	2422486.797	1.95026
武仙座 V669(104)	NONE	$18^h11^m54^s$	+31° 24′19″	6.62~6.76	–	–
显微镜座 θ^1	ACV	$21^h20^m45^s$	−40° 48′34″	4.77~4.87	2440345.32	2.1215
小马座 γ	ACVO	$21^h10^m20^s$	+10° 07′54″	4.58~4.77	–	0.00868
印第安座 T	SRB	$21^h20^m09^s$	−45° 01′19″	7.70~9.40	–	320

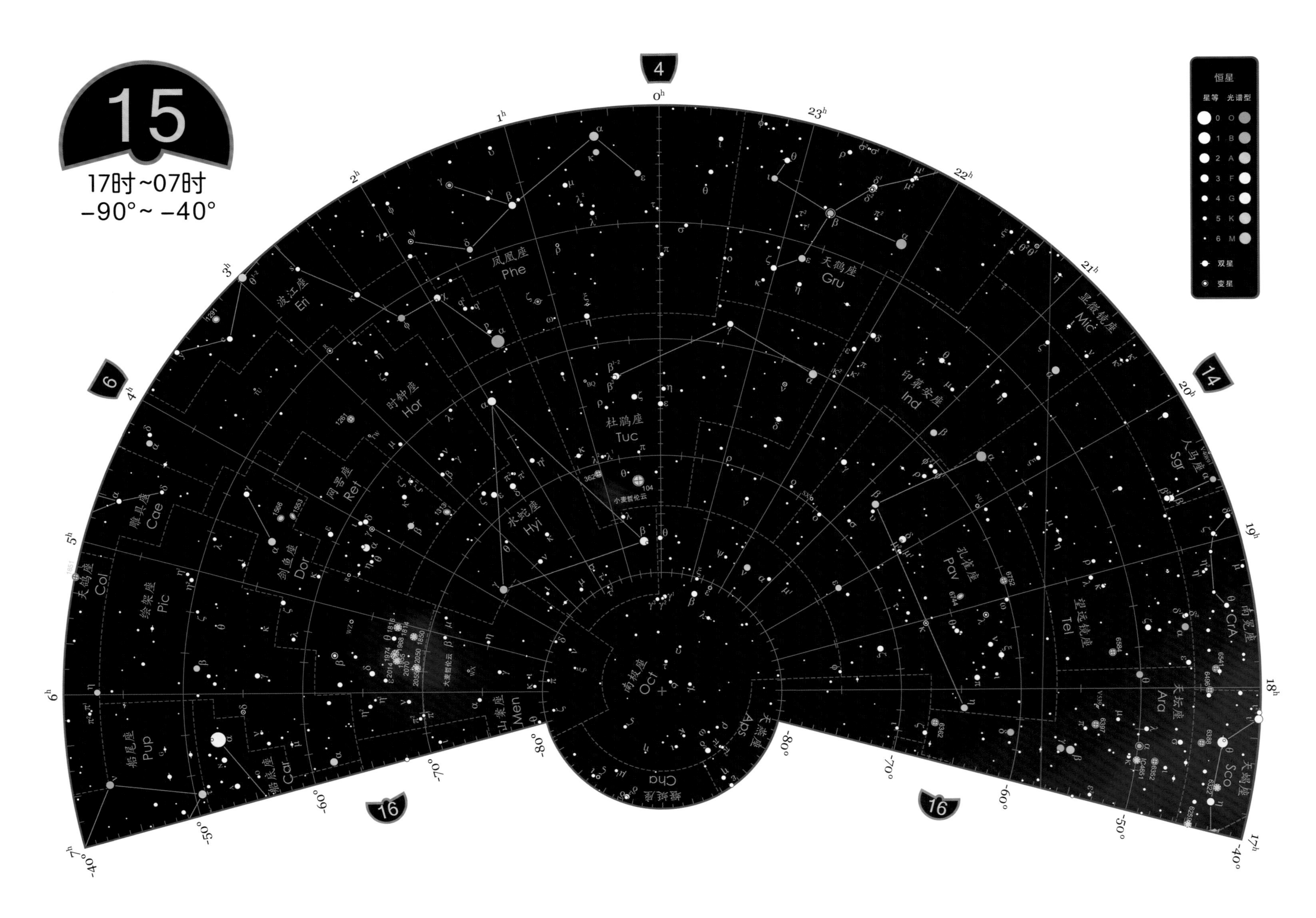
15
17时~07时
-90°~ -40°
恒星
星等
光谱型
双星
变星
凤凰座
Phe
天鹤座
Gru
波江座
Eri
时钟座
Hor
杜鹃座
Tuc
印第安座
Ind
显微镜座
Mic
网罟座
Ret
水蛇座
Hyi
小麦哲伦云
雕具座
Cae
剑鱼座
Dor
孔雀座
Pav
人马座
Sgr
天鸽座
Col
绘架座
Pic
大麦哲伦云
望远镜座
Tel
南冕座
CrA
山案座
Men
南极座
Oct
天燕座
Aps
天坛座
Ara
船尾座
Pup
船底座
Car
蝘蜓座
Cha
天蝎座
Sco

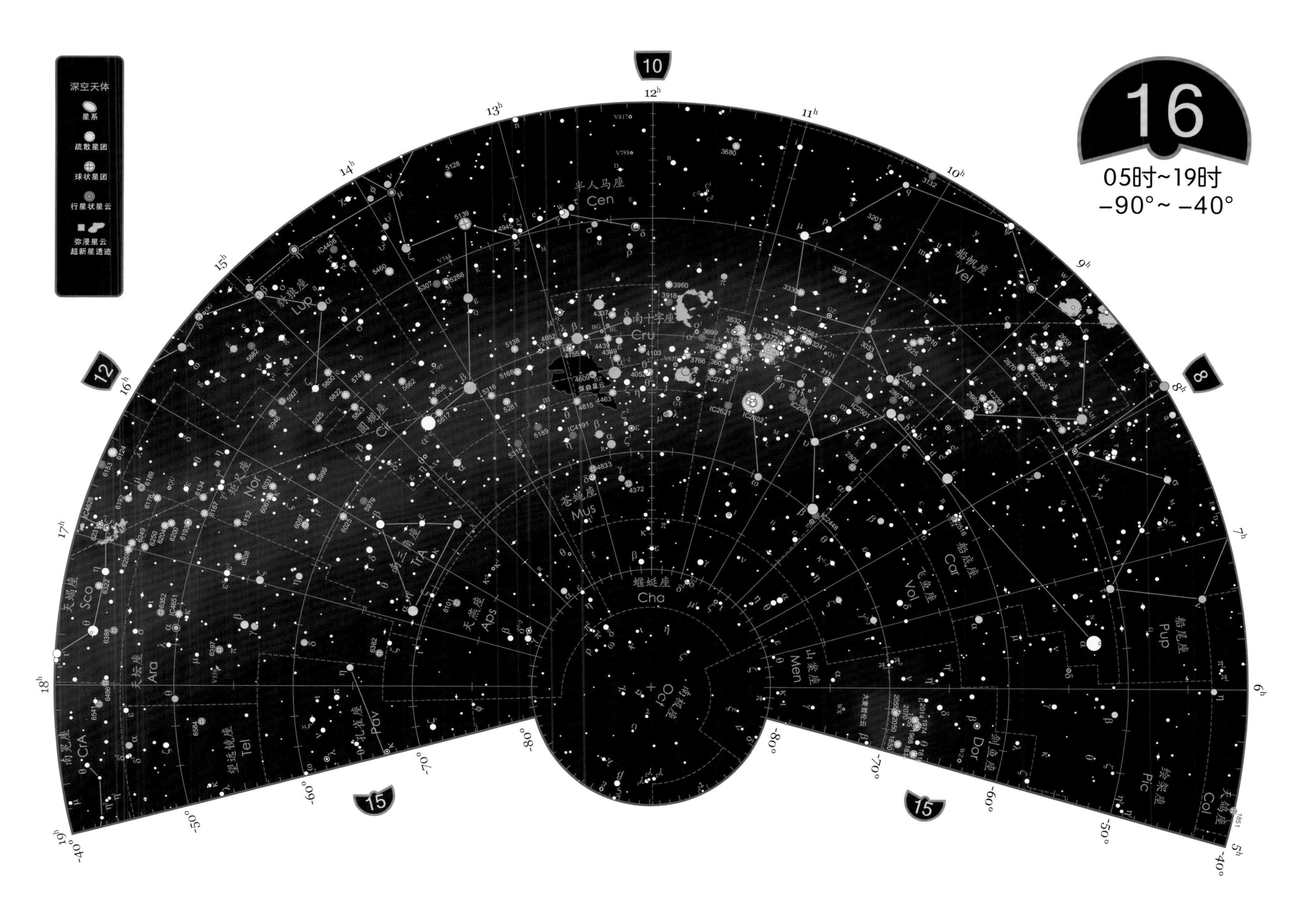

深空天体
星系
疏散星团
球状星团
行星状星云
弥漫星云
超新星遗迹
16
05时~19时
-90°~ -40°
10
12
8
15
15
半人马座
Cen
南十字座
Cru
煤袋星云
船帆座
Vel
豺狼座
Lup
圆规座
Cir
矩尺座
Nor
南三角座
TrA
苍蝇座
Mus
蝘蜓座
Cha
天燕座
Aps
飞鱼座
Vol
船底座
Car
船尾座
Pup
山案座
Men
南极座
Oct
天蝎座
Sco
天坛座
Ara
孔雀座
Pav
望远镜座
Tel
南冕座
CrA
剑鱼座
Dor
绘架座
Pic
天鸽座
Col
大麦哲伦云

星图 15–16

深空天体表

赤经 0时 ~ 24时
赤纬 -90° ~ -50°

星系

名称	星座	赤经	赤纬	类型	亮度	表面亮度	视大小
NGC1313	网罟座	$03^h18.3^m$	−66° 30'	SBcd	9.1	13.5	9.2×7.2'
NGC1553	剑鱼座	$04^h16.2^m$	−55° 47'	S0	9.0	11.6	4.5×2.8'
NGC1566	剑鱼座	$04^h20.0^m$	−54° 56'	SBbc	9.4	13.6	8.2×6.5'
NGC6744	孔雀座	$19^h09.8^m$	−63° 51'	SBbc	8.3	14.2	20.1×12.9'
大麦哲伦云	剑鱼座	$05^h23.6^m$	−69° 45'	SB(s)m	0.9	–	650×550'
小麦哲伦云	杜鹃座	$00^h52.7^m$	−72° 49'	SB(s)m pec	2.2	14.1	319×205'

注:表面亮度单位为星等/平方角分

弥漫星云/超新星遗迹

名称	星座	赤经	赤纬	类型	亮度	视大小
NGC2070	剑鱼座	$05^h38.7^m$	−69° 06'	EN	5.0	30×20'
NGC3372	船底座	$10^h45.1^m$	−59° 52'	EN	3.0	120×120'
NGC3579	船底座	$11^h12.0^m$	−61° 15'	EN	–	20×15'
IC2944	半人马座	$11^h35.8^m$	−63° 01'	EN	4.5	40×20'
煤袋星云	南十字座	$12^h50.0^m$	−62° 30'	DN	–	420×300'

行星状星云

名称	星座	赤经	赤纬	亮度	视大小
NGC2867	船底座	$09^h21.4^m$	−58° 19'	9.7	0.40'
NGC3211	船底座	$10^h17.8^m$	−62° 40'	10.7	0.32'
NGC3699	半人马座	$11^h28.0^m$	−59° 57'	11.3	0.75'
NGC3918	半人马座	$11^h50.3^m$	−57° 11'	8.1	0.38'
NGC5189	苍蝇座	$13^h33.5^m$	−65° 58'	10.3	2.33'
NGC5307	半人马座	$13^h51.0^m$	−51° 12'	11.2	0.30'
NGC5315	圆规座	$13^h54.0^m$	−66° 31'	9.8	0.23'
NGC5979	南三角座	$15^h47.7^m$	−61° 13'	11.5	0.30'
IC2448	船底座	$09^h07.1^m$	−69° 56'	10.4	0.45'
IC2501	船底座	$09^h38.8^m$	−60° 05'	10.4	0.03'
IC2553	船底座	$10^h09.3^m$	−62° 37'	10.3	0.15'
IC2621	船底座	$11^h00.3^m$	−65° 15'	11.2	0.08'
IC4191	苍蝇座	$13^h08.8^m$	−67° 39'	10.6	0.08'

球状星团

名称	星座	赤经	赤纬	类型	亮度	视大小
NGC104	杜鹃座	$00^h24.1^m$	−72° 05'	Ⅲ	4.0	50'
NGC362	杜鹃座	$01^h03.2^m$	−70° 51'	Ⅲ	6.8	14'
NGC1261	时钟座	$03^h12.2^m$	−55° 13'	Ⅱ	8.3	6.8'
NGC2808	船底座	$09^h12.0^m$	−64° 52'	Ⅰ	6.2	14'
NGC4372	苍蝇座	$12^h25.8^m$	−72° 40'	Ⅻ	7.2	5'
NGC4833	苍蝇座	$12^h59.6^m$	−70° 52'	Ⅷ	8.4	14'
NGC5286	半人马座	$13^h46.4^m$	−51° 22'	Ⅴ	7.4	11'
NGC5927	豺狼座	$15^h28.0^m$	−50° 40'	Ⅷ	8.0	6'
NGC5946	矩尺座	$15^h35.5^m$	−50° 40'	Ⅸ	8.4	3'
NGC6101	天燕座	$16^h25.8^m$	−72° 12'	Ⅹ	9.2	5'
NGC6362	天坛座	$17^h31.9^m$	−67° 03'	Ⅹ	8.1	15'
NGC6397	天坛座	$17^h40.7^m$	−53° 40'	Ⅸ	5.3	31'
NGC6584	望远镜座	$18^h18.6^m$	−52° 13'	Ⅷ	7.9	6.6'
NGC6752	孔雀座	$19^h10.9^m$	−59° 59'	Ⅵ	5.3	29'

疏散星团

名称	星座	赤经	赤纬	类型	亮度	视大小
NGC1814	剑鱼座	$05^h03.8^m$	−67° 18'	OCL+EN	9.0	1'
NGC1816	剑鱼座	$05^h03.8^m$	−67° 16'	OCL	9.0	1'
NGC1850	剑鱼座	$05^h08.7^m$	−68° 46'	OCL	9.0	3.4'
NGC1955	剑鱼座	$05^h26.2^m$	−67° 30'	OCL+EN	9.0	1.8'
NGC1968	剑鱼座	$05^h27.4^m$	−67° 28'	OCL+EN	9.0	1.1'
NGC1974	剑鱼座	$05^h28.0^m$	−67° 25'	OCL+EN	9.0	1.7'
NGC2014	剑鱼座	$05^h32.3^m$	−67° 41'	OCL+EN	9.0	1.8'
NGC2050	剑鱼座	$05^h36.6^m$	−69° 23'	OCL	9.3	1'
NGC2055	剑鱼座	$05^h37.0^m$	−69° 26'	OCL	8.4	0.6'
NGC2516	船底座	$07^h58.1^m$	−60° 45'	Ⅰ3r	3.8	22'
NGC2669	船帆座	$08^h46.3^m$	−52° 56'	Ⅱ3p	6.1	14'
NGC2910	船帆座	$09^h30.5^m$	−52° 55'	Ⅰ2p	7.2	6'
NGC2925	船帆座	$09^h33.2^m$	−53° 24'	Ⅲ1p	8.3	15'
NGC3033	船帆座	$09^h48.7^m$	−56° 25'	Ⅱ3p	8.8	12'
NGC3114	船底座	$10^h02.6^m$	−60° 06'	Ⅱ3r	4.2	35'
NGC3228	船帆座	$10^h21.4^m$	−51° 44'	Ⅰ1p	6.0	5'
NGC3247	船底座	$10^h24.2^m$	−57° 46'	Ⅱ2p	7.6	5'
NGC3293	船底座	$10^h35.8^m$	−58° 14'	Ⅰ3r	4.7	5'
NGC3330	船帆座	$10^h38.8^m$	−54° 07'	Ⅱ2p	7.4	6'
NGC3496	船底座	$10^h59.6^m$	−60° 20'	Ⅲ1m	8.2	7'
NGC3519	船底座	$11^h04.0^m$	−61° 22'	Ⅲ2p	7.7	8'

星图 15-16

深空天体与变星表

赤经 0时 ~24时
赤纬 -90° ~ -50°

疏散星团

名称	星座	赤经	赤纬	类型	亮度	视大小
NGC3532	船底座	$11^h05.7^m$	−58° 44′	Ⅱ1m	3.0	50′
NGC3572	船底座	$11^h10.4^m$	−60° 15′	Ⅰ2m	6.6	7′
NGC3590	船底座	$11^h13.0^m$	−60° 47′	Ⅱ1p	8.2	2′
NGC3603	船底座	$11^h15.1^m$	−61° 16′	Ⅰ1pn	9.1	4′
NGC3766	半人马座	$11^h36.2^m$	−61° 37′	Ⅰ1p	5.3	15′
NGC3960	半人马座	$11^h50.5^m$	−55° 41′	Ⅰ2m	8.3	7′
NGC4052	南十字座	$12^h02.0^m$	−63° 13′	Ⅱ1p	8.8	10′
NGC4103	南十字座	$12^h06.7^m$	−61° 15′	Ⅰ3m	7.4	6′
NGC4337	南十字座	$12^h24.0^m$	−58° 07′	Ⅱ3p	8.9	3.5′
NGC4349	南十字座	$12^h24.1^m$	−61° 52′	Ⅰ2m	7.4	4′
NGC4439	南十字座	$12^h28.4^m$	−60° 06′	Ⅱ1p	8.4	4′
NGC4463	苍蝇座	$12^h29.9^m$	−64° 47′	Ⅰ3p	7.2	6′
NGC4609	南十字座	$12^h42.3^m$	−62° 60′	Ⅱ1p	6.9	6′
NGC4755	南十字座	$12^h53.7^m$	−60° 22′	Ⅰ3r	4.2	10′
NGC4815	苍蝇座	$12^h58.0^m$	−64° 58′	Ⅰ3m	8.6	5′
NGC4852	半人马座	$13^h00.2^m$	−59° 37′	Ⅱ2p	8.9	12′
NGC5138	半人马座	$13^h27.3^m$	−59° 02′	Ⅱ2p	7.6	8′
NGC5168	半人马座	$13^h31.1^m$	−60° 56′	Ⅰ3p	9.1	4′
NGC5281	半人马座	$13^h46.6^m$	−62° 55′	Ⅰ3m	5.9	8′
NGC5316	半人马座	$13^h54.0^m$	−61° 51′	Ⅲ1p	6.0	15′
NGC5606	半人马座	$14^h27.8^m$	−59° 38′	Ⅰ1p	7.7	3′
NGC5617	半人马座	$14^h29.7^m$	−60° 43′	Ⅰ3m	6.3	10′
NGC5662	半人马座	$14^h35.5^m$	−56° 40′	Ⅱ3m	5.5	30′
NGC5749	豺狼座	$14^h48.8^m$	−54° 30′	Ⅳ1p	8.8	10′
NGC5800	豺狼座	$15^h01.8^m$	−51° 55′	OCL	8.0	5′
NGC5822	豺狼座	$15^h04.0^m$	−54° 20′	Ⅱ1r	6.5	35′
NGC5823	圆规座	$15^h05.5^m$	−55° 36′	Ⅲ2m	7.9	12′
NGC5925	矩尺座	$15^h27.4^m$	−54° 32′	Ⅲ1m	8.4	20′
NGC5999	矩尺座	$15^h52.1^m$	−56° 28′	Ⅰ3m	9.0	3′
NGC6025	南三角座	$16^h03.3^m$	−60° 26′	Ⅱ2p	5.1	15′
NGC6031	矩尺座	$16^h07.6^m$	−54° 01′	Ⅰ2p	8.5	3′
NGC6067	矩尺座	$16^h13.2^m$	−54° 13′	Ⅰ2r	5.6	15′
NGC6087	矩尺座	$16^h18.9^m$	−57° 54′	Ⅰ2p	5.4	15′
NGC6152	矩尺座	$16^h32.8^m$	−52° 39′	Ⅱ2m	8.1	25′
NGC6208	天坛座	$16^h49.4^m$	−53° 42′	Ⅱ1m	7.2	18′
IC2391	船帆座	$08^h40.3^m$	−52° 55′	Ⅱ3p	2.6	60′
IC2488	船帆座	$09^h27.5^m$	−56° 57′	Ⅱ2m	7.4	18′
IC2581	船底座	$10^h27.4^m$	−57° 38′	Ⅰ3m	4.3	5′
IC2602	船底座	$10^h42.9^m$	−64° 24′	Ⅱ3m	1.6	100′
IC2714	船底座	$11^h17.4^m$	−62° 43′	Ⅱ3m	8.2	15′

变星

名称	变星类型	赤经	赤纬	光变范围	历元	周期（日）
半人马座 V795	GCAS	$14^h14^m57^s$	−57° 05′10″	4.97~5.10	–	–
半人马座 V810	SRD	$11^h43^m31^s$	−62° 29′22″	4.95~5.12	–	130
半人马座 V831	ELL	$13^h12^m17^s$	−59° 55′14″	4.49~4.66	–	–
半人马座 δ	GCAS	$12^h08^m21^s$	−50° 43′21″	2.51~2.65	–	–
半人马座 o^1	SRD	$11^h31^m46^s$	−59° 26′31″	5.80~6.60	–	200
半人马座 o^2	ACYG	$11^h31^m48^s$	−59° 30′56″	5.12~5.22	–	46.3
苍蝇座 GT	E/RS	$11^h39^m29^s$	−65° 23′52″	5.08~5.21	–	–
苍蝇座 ε	SRB	$12^h17^m34^s$	−67° 57′39″	3.99~4.31	–	40
苍蝇座 μ	LB	$11^h48^m14^s$	−66° 48′54″	4.60~4.80	–	–
船底座 l	DCEP	$09^h45^m14^s$	−62° 30′28″	3.28~4.18	2440736.9	35.53584
船底座 PP	GCAS	$10^h32^m01^s$	−61° 41′07″	3.27~3.37	–	–
船底座 QY	GCAS	$10^h11^m46^s$	−58° 03′38″	5.63~5.83	–	–
船底座 S	M	$10^h09^m21^s$	−61° 32′56″	4.50~9.90	2442112	149.49
船底座 V344	GCAS	$08^h46^m42^s$	−56° 46′11″	4.40~4.51	–	–
船底座 V345	GCAS	$09^h05^m38^s$	−70° 32′19″	4.67~4.78	–	–
船底座 V374	GCAS	$07^h58^m50^s$	−60° 49′28″	5.72~5.84	–	–
船底座 V382	DCEP	$11^h08^m35^s$	−58° 58′30″	3.84~4.02	–	–
船帆座 GZ	LC	$10^h19^m36^s$	−55° 01′46″	3.43~3.81	–	–
船帆座 o	UNIQUE	$08^h40^m17^s$	−52° 55′19″	3.55~3.67	2444651.692	2.779
杜鹃座 BQ	LB	$00^h53^m37^s$	−62° 52′17″	5.70~5.90	–	–
杜鹃座 ν	LB	$22^h33^m00^s$	−61° 58′56″	4.75~4.93	–	–
凤凰座 ζ	EA/DM	$01^h08^m23^s$	−55° 14′45″	3.91~4.42	2441643.689	1.6697671
凤凰座 ξ	ACV	$00^h41^m46^s$	−56° 30′05″	5.68~5.78	2442314.48	3.9516
凤凰座 ρ	DSCT	$00^h50^m41^s$	−50° 59′13″	5.17~5.27	–	0.11
绘架座 δ	EB/D	$06^h10^m17^s$	−54° 58′07″	4.65~4.90	2441695.336	1.672541
剑鱼座 R	SRB	$04^h36^m45^s$	−62° 04′38″	4.80~6.60	–	338
剑鱼座 WZ	SRB	$05^h07^m34^s$	−63° 23′59″	5.20~5.32	–	40
剑鱼座 β	DCEP	$05^h33^m37^s$	−62° 29′23″	3.46~4.08	2440905.3	9.8426
孔雀座 NU	SRB	$20^h01^m44^s$	−59° 22′33″	4.91~5.26	–	60
孔雀座 SX	SRB	$21^h28^m44^s$	−69° 30′19″	5.34~5.97	–	50
孔雀座 κ	CEP	$18^h56^m57^s$	−67° 14′01″	3.91~4.78	2440140.167	9.09423
孔雀座 λ	GCAS	$18^h52^m13^s$	−62° 11′15″	4.00~4.26	–	–
南极座 ε	SRB	$22^h20^m01^s$	−80° 26′23″	4.58~5.30	–	55
南三角座 X	LB	$15^h14^m19^s$	−70° 04′46″	5.02~6.40	–	–
南十字座 BG	DCEPS	$12^h31^m40^s$	−59° 25′26″	5.34~5.58	2440393.66	3.3428
南十字座 BL	SR	$12^h27^m28^s$	−58° 59′30″	5.43~5.78	–	–
南十字座 BZ	GCAS	$12^h42^m50^s$	−63° 03′31″	5.24~5.45	–	–
南十字座 μ^2	GCAS	$12^h54^m36^s$	−57° 10′07″	4.99~5.18	–	–
山案座 WX	LB	$05^h34^m44^s$	−73° 44′29″	5.72~5.87	–	–
时钟座 TW	SRB	$03^h12^m33^s$	−57° 19′18″	5.52~5.95	–	158
天坛座 V539	EA+LPB	$17^h50^m28^s$	−53° 36′45″	5.71~6.24	2448753.44	3.169094
天燕座 δ^1	LB	$16^h20^m20^s$	−78° 41′45″	4.66~4.87	–	–
天燕座 θ	SRB	$14^h05^m19^s$	−76° 47′48″	6.40~8.60	–	119
天燕座 κ^1	GCAS	$15^h31^m30^s$	−73° 23′23″	5.43~5.61	–	–
网罟座 γ	SR	$04^h00^m53^s$	−62° 09′33″	4.42~4.64	–	25
蝘蜓座 ζ	NONE	$09^h33^m53^s$	−80° 56′29″	5.06~5.17	–	–
圆规座 AX	DCEP	$14^h52^m35^s$	−63° 48′35″	5.65~6.09	2438199.54	5.273268
圆规座 θ	GCAS	$14^h56^m44^s$	−62° 46′52″	5.02~5.44	–	–

17 银经: 40° ~140° 银纬: −40° ~+40°

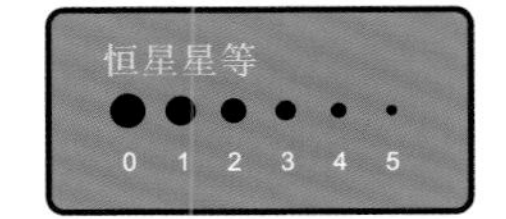

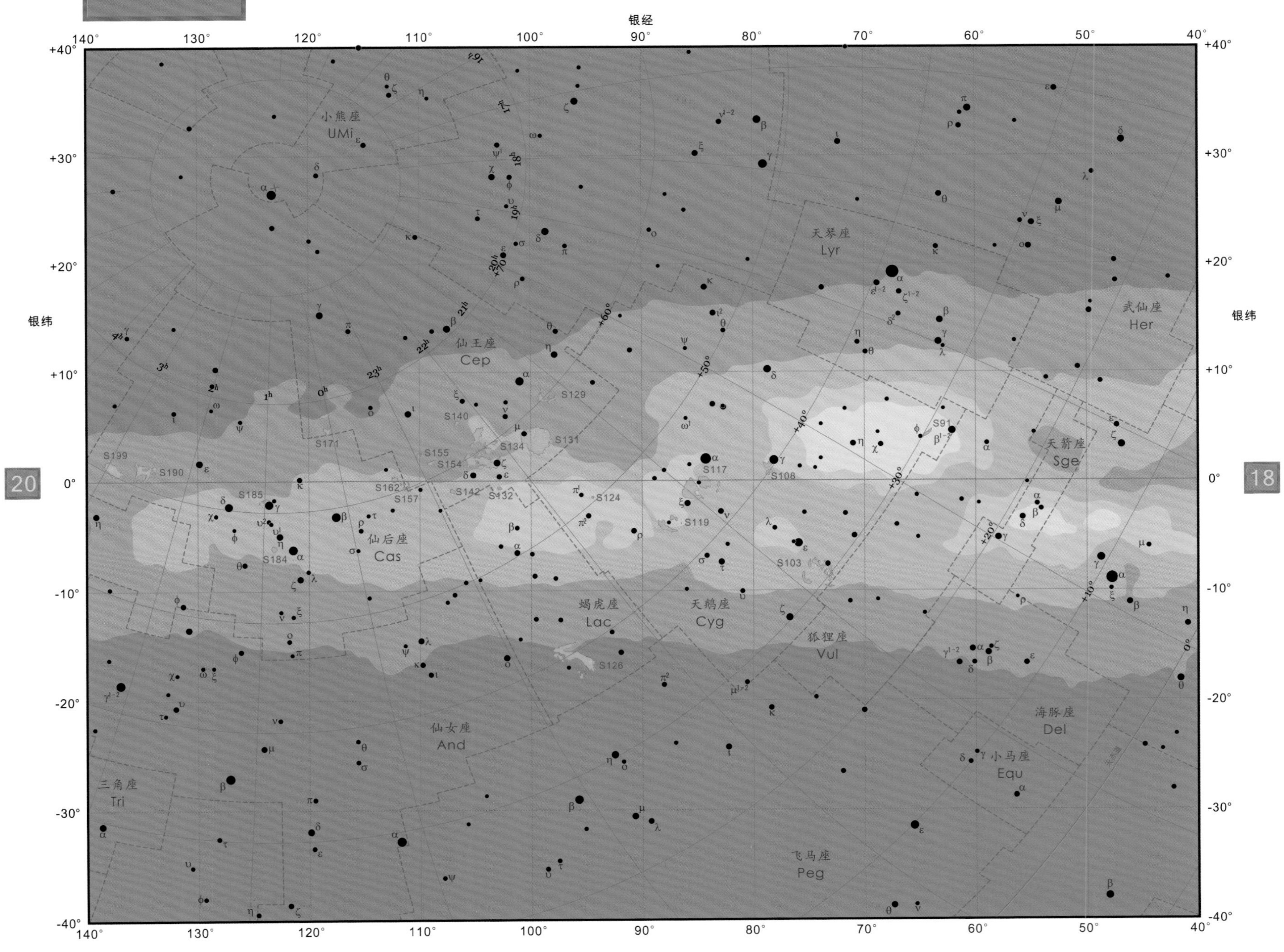

银经: 310° ~ 50°

银纬: −40° ~ +40°

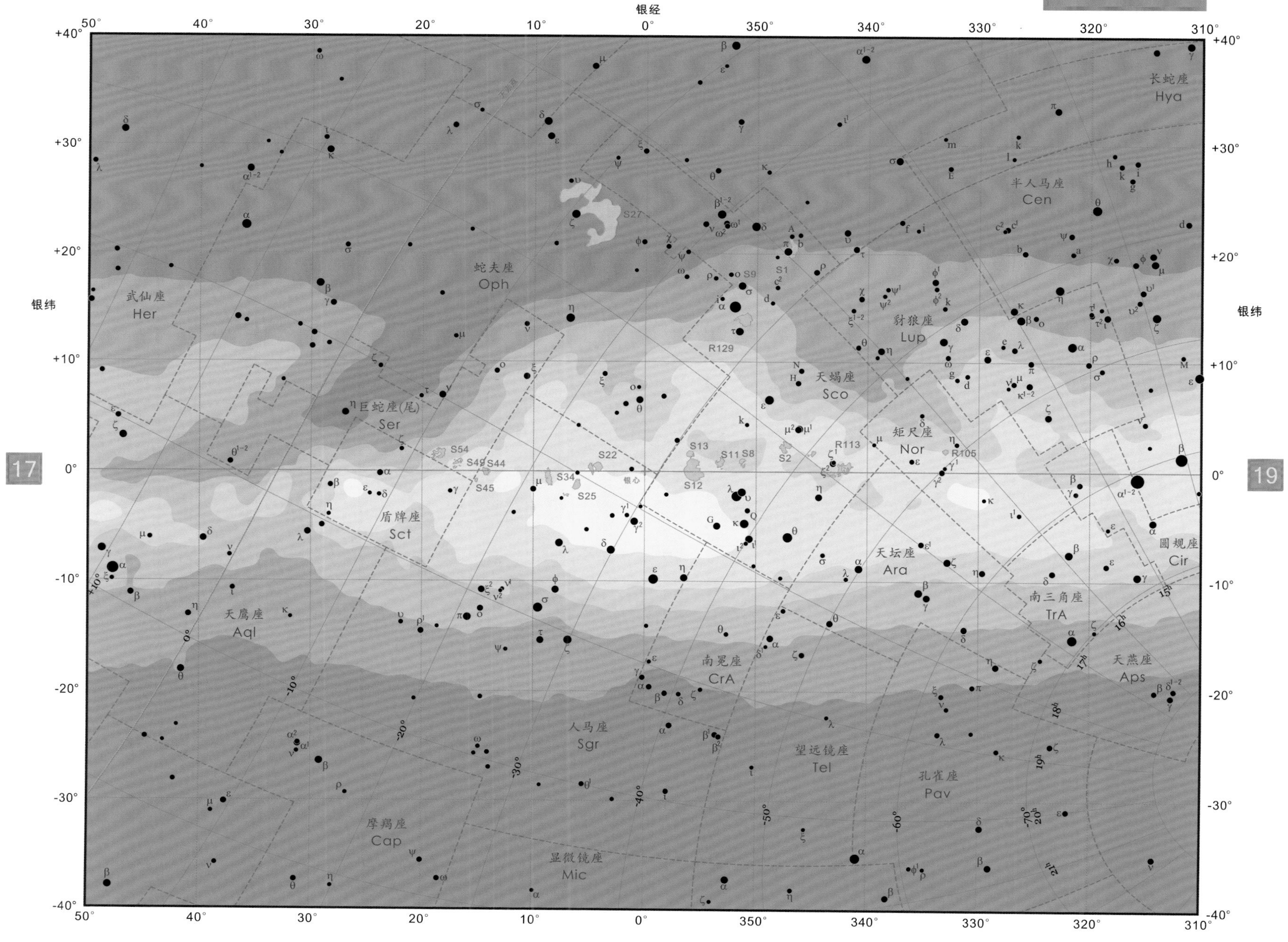

19 银经: 220° ~ 320° 银纬: −40° ~ +40°

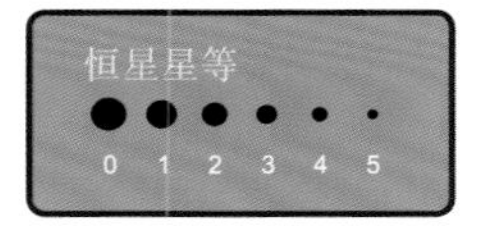

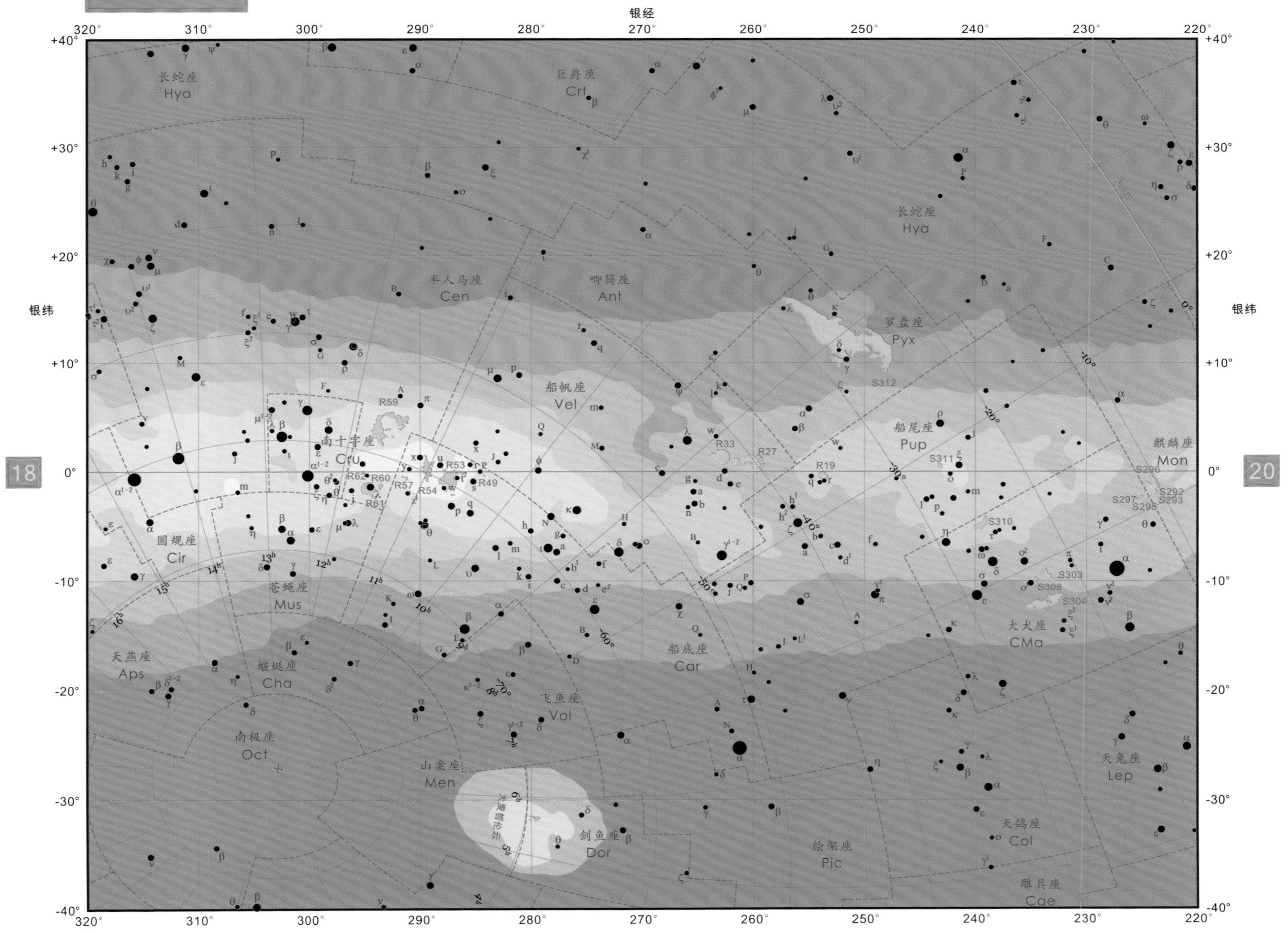

银经: 130° ~ 230°

银纬: -40° ~ +40°

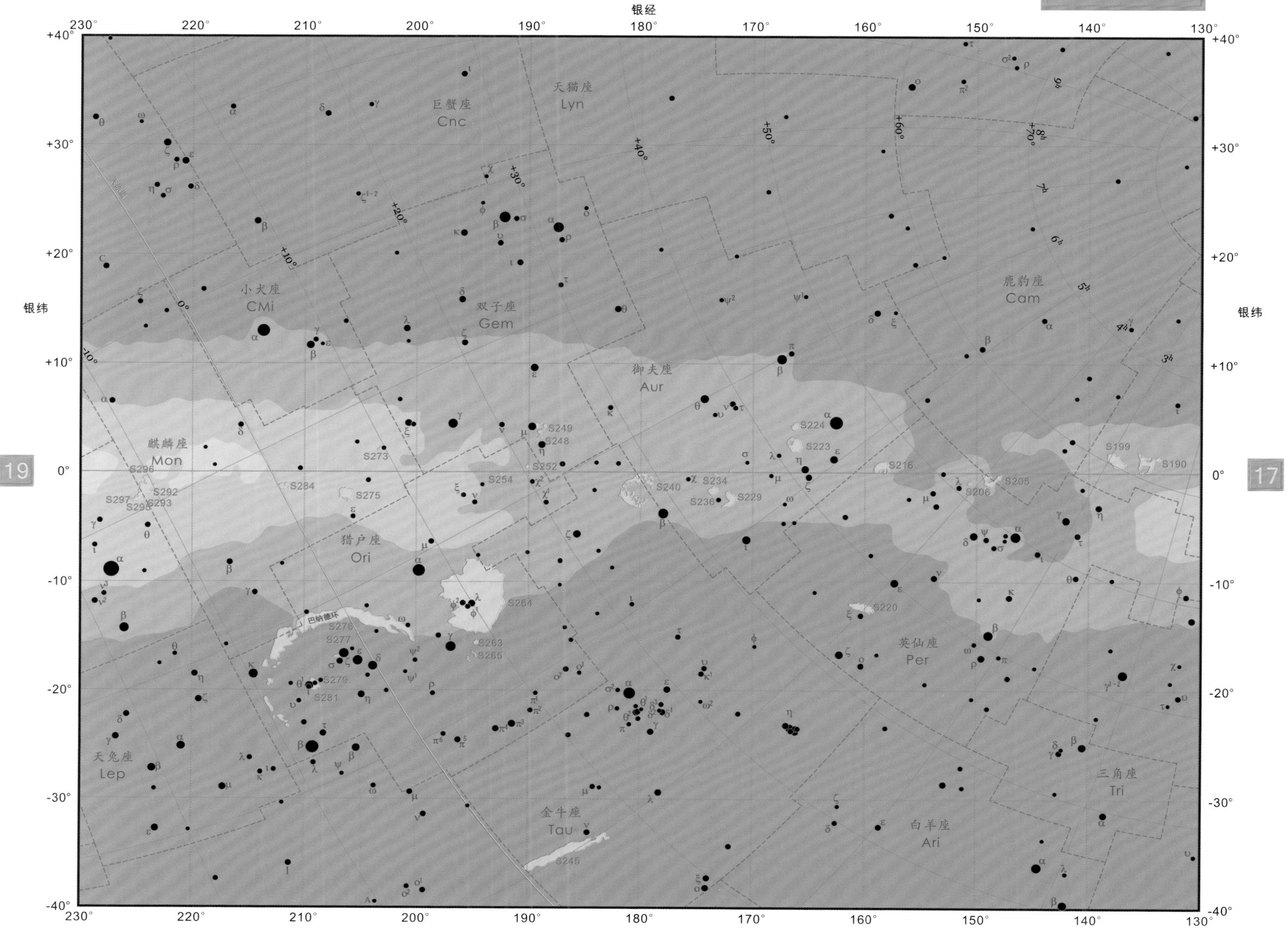

星图
17-20

银道附近
HⅡ区域表

银经 0° ~ 360°
银纬 -40° ~ +40°

HⅡ区域

名称	赤经	赤纬	视大小	亮度级别	别名
Sh2-1	$15^{h}55.8^{m}$	−25° 58′	150′	明亮	
Sh2-2	$16^{h}59.0^{m}$	−38° 02′	60′	中等	
Sh2-8	$17^{h}16.5^{m}$	−35° 49′	120′	明亮	NGC6334
Sh2-9	$16^{h}18.1^{m}$	−25° 28′	80′	中等	
Sh2-11	$17^{h}21.7^{m}$	−34° 10′	90′	明亮	NGC6357
Sh2-12	$17^{h}30.6^{m}$	−32° 30′	120′	中等	
Sh2-13	$17^{h}25.9^{m}$	−31° 30′	40′	中等	
Sh2-22	$17^{h}50.3^{m}$	−24° 58′	60′	中等	
Sh2-25	$18^{h}01.3^{m}$	−24° 20′	90′	明亮	M8，礁湖星云
Sh2-27	$16^{h}34.4^{m}$	−10° 28′	480′	中等	
Sh2-34	$18^{h}04.0^{m}$	−21° 40′	90′	中等	
Sh2-44	$18^{h}13.6^{m}$	−16° 45′	60′	中等	IC4701
Sh2-45	$18^{h}17.9^{m}$	−16° 12′	60′	明亮	M17，天鹅星云
Sh2-49	$18^{h}15.8^{m}$	−13° 59′	90′	明亮	M16，鹰状星云
Sh2-54	$18^{h}15.1^{m}$	−11° 45′	140′	明亮	
Sh2-91	$19^{h}33.6^{m}$	+29° 30′	120′	中等	
Sh2-103	$20^{h}48.5^{m}$	+30° 44′	210′	明亮	帷幕星云
Sh2-108	$20^{h}20.8^{m}$	+40° 06′	180′	明亮	IC1318
Sh2-117	$20^{h}57.0^{m}$	+44° 08′	240′	中等	NGC7000，北美洲星云
Sh2-119	$21^{h}16.5^{m}$	+43° 44′	160′	明亮	
Sh2-124	$21^{h}36.6^{m}$	+50° 08′	70′	中等	
Sh2-126	$22^{h}31.2^{m}$	+38° 19′	160′	中等	
Sh2-129	$21^{h}10.5^{m}$	+59° 45′	140′	中等	
Sh2-131	$21^{h}37.5^{m}$	+57° 16′	170′	中等	IC1396
Sh2-132	$22^{h}16.9^{m}$	+55° 53′	90′	中等	
Sh2-134	$22^{h}09.8^{m}$	+59° 10′	160′	中等	
Sh2-140	$22^{h}17.5^{m}$	+63° 02′	30′	明亮	
Sh2-142	$22^{h}45.6^{m}$	+57° 48′	30′	明亮	
Sh2-154	$22^{h}49.5^{m}$	+60° 55′	60′	中等	
Sh2-155	$22^{h}54.8^{m}$	+62° 21′	60′	中等	
Sh2-157	$23^{h}13.9^{m}$	+59° 46′	90′	明亮	
Sh2-162	$23^{h}18.5^{m}$	+60° 55′	40′	明亮	NGC7635，气泡星云
Sh2-171	$00^{h}02.1^{m}$	+66° 53′	180′	明亮	NGC7822
Sh2-184	$00^{h}49.9^{m}$	+56° 20′	40′	明亮	NGC281
Sh2-185	$00^{h}56.9^{m}$	+60° 43′	120′	中等	IC59/63
Sh2-190	$02^{h}29.6^{m}$	+61° 13′	150′	明亮	IC1805
Sh2-199	$02^{h}50.7^{m}$	+60° 12′	120′	明亮	IC1848
Sh2-205	$03^{h}52.3^{m}$	+53° 03′	120′	中等	
Sh2-206	$03^{h}59.5^{m}$	+51° 12′	50′	明亮	NGC1491
Sh2-216	$04^{h}41.3^{m}$	+46° 44′	80′	中等	
Sh2-220	$03^{h}57.3^{m}$	+36° 29′	320′	明亮	NGC1499
Sh2-223	$05^{h}13.6^{m}$	+42° 09′	70′	中等	
Sh2-224	$05^{h}23.7^{m}$	+42° 56′	30′	中等	
Sh2-229	$05^{h}13.0^{m}$	+34° 25′	65′	明亮	IC405，火焰恒星星云
Sh2-234	$05^{h}24.8^{m}$	+34° 24′	12′	明亮	IC417
Sh2-236	$05^{h}19.3^{m}$	+33° 19′	55′	明亮	IC410
Sh2-240	$05^{h}37.8^{m}$	+28° 05′	180′	中等	
Sh2-245	$03^{h}59.9^{m}$	+03° 59′	720′	中等	
Sh2-248	$06^{h}13.6^{m}$	+22° 31′	50′	明亮	IC443
Sh2-249	$06^{h}17.9^{m}$	+23° 07′	80′	中等	
Sh2-252	$06^{h}06.7^{m}$	+20° 31′	40′	明亮	NGC2174/2175/IC2159
Sh2-254	$06^{h}09.4^{m}$	+18° 03′	11′	中等	
Sh2-263	$05^{h}19.0^{m}$	+08° 21′	22′	中等	
Sh2-264	$05^{h}32.5^{m}$	+09° 54′	390′	中等	
Sh2-265	$05^{h}15.9^{m}$	+07° 23′	70′	中等	
Sh2-273	$06^{h}38.0^{m}$	+09° 57′	250′	明亮	NGC2264，圣诞树星团
Sh2-275	$06^{h}29.0^{m}$	+04° 58′	100′	明亮	NGC2246，玫瑰星云
Sh2-276	$05^{h}25.0^{m}$	−04° 00′	1200′	中等	巴纳德环
Sh2-277	$05^{h}38.2^{m}$	−02° 28′	120′	明亮	IC434
Sh2-279	$05^{h}32.9^{m}$	−04° 50′	20′	明亮	NGC1973/1975/1977
Sh2-281	$05^{h}32.5^{m}$	−05° 30′	60′	明亮	M42/43，猎户座大星云
Sh2-284	$06^{h}42.5^{m}$	+00° 17′	80′	中等	
Sh2-292	$07^{h}02.0^{m}$	−10° 22′	21′	明亮	
Sh2-293	$06^{h}59.4^{m}$	−11° 14′	11′	中等	
Sh2-295	$07^{h}00.3^{m}$	−11° 23′	8′	暗淡	
Sh2-296	$07^{h}03.5^{m}$	−11° 08′	200′	明亮	IC2177，海鸥星云
Sh2-297	$07^{h}02.9^{m}$	−12° 15′	7′	明亮	
Sh2-303	$06^{h}51.9^{m}$	−22° 22′	90′	中等	
Sh2-304	$06^{h}41.4^{m}$	−24° 05′	200′	中等	
Sh2-308	$06^{h}52.1^{m}$	−23° 53′	35′	中等	
Sh2-310	$07^{h}24.1^{m}$	−25° 58′	480′	中等	
Sh2-311	$07^{h}50.3^{m}$	−26° 19′	45′	明亮	NGC2467
Sh2-312	$08^{h}57.0^{m}$	−25° 30′	720′	中等	
RCW19	$08^{h}13.5^{m}$	−35° 42′	48×40′	明亮	
RCW27	$08^{h}36.5^{m}$	−40° 12′	100×100′	中等	
RCW33	$08^{h}49.5^{m}$	−41° 54′	95×80′	中等	
RCW49	$10^{h}22.0^{m}$	−57° 27′	90×35′	明亮	
RCW51	$10^{h}36.1^{m}$	−57° 42′	12×12′	明亮	
RCW52	$10^{h}43.5^{m}$	−58° 18′	15×15′	明亮	
RCW53	$10^{h}40.0^{m}$	−59° 30′	210×210′	极亮	NGC3293/3324/IC2599
RCW54	$10^{h}58.0^{m}$	−60° 06′	210×60′	中等	
RCW57	$11^{h}12.5^{m}$	−60° 56′	170×40′	中等	NGC3603
RCW59	$11^{h}35.0^{m}$	−56° 40′	180×150′	中等	
RCW60	$11^{h}26.5^{m}$	−62° 30′	50×50′	明亮	IC2872
RCW61	$11^{h}28.3^{m}$	−63° 30′	15×15′	明亮	
RCW62	$11^{h}35.0^{m}$	−62° 54′	80×80′	明亮	IC2944
RCW105	$16^{h}06.3^{m}$	−49° 00′	45×35′	明亮	
RCW113	$16^{h}45.0^{m}$	−42° 00′	360×300′	中等	
RCW129	$16^{h}34.0^{m}$	−28° 00′	180×180′	中等	

注：
Sh2=Catalogue of HⅡ Regions (Sharpless, 1959)
RCW=H-α Emission Regions in Southern Milky Way (Rodgers, et al. 1960)